괴델 불완전성 정리

괴델 불완전성 정리

'이성의 한계'의 발견

요시나가 요시마사 지음
임승원 옮김

전파과학사

머리말

20세기도 앞으로 얼마 남지 않았다. 우리들은 이제 슬슬 지나간 100년을 되돌아보고 다가오는 새로운 100년에 대한 전망을 이야기하는 시대로 들어가고 있다.

금세기는 그야말로 '과학의 세기'로서 역사에 기억될 것이다. 과학의 여러 분야에서 여러 가지 놀랄 만한 발견이 있었고 순수 이론 측면에서도 그 이상으로 경탄할 만한 시야의 확대가 있었다. '패러다임 체인지(Paradigm Change)'라고 부르기에 어울리는 사물에 대한 견해의 근본적인 대변혁이 기라성(綺羅星)처럼 나타난 천재들의 사고(思考)의 모험에 의해서 일으켜진 것이다.

물리학의 분야에서는 아인슈타인의 상대성원리, 보어(Bohr)의 양자역학과 하이젠베르크의 불확정성정리(不確定性定理), 화학의 분야에서는 프리고진(Prigogine)의 비평형계(非平衡系)의 역학, 생물학의 분야에서는 왓슨-크릭으로 시작되는 분자생물학과 기무라 모토오(木村資生)의 분자 진화의 중립설(中立說), 그리고 수학에서는 괴델(Gödel)의 불완전성정리(不完全性定理) 등.

이들의 여러 이론은 금세기의 과학과 사상을 이야기함에 있어서 절대로 빼놓을 수 없는 것이다. 더욱이 흥미 있는 것은 이들의 이론이 어느 것을 취해도 각각의 분야에서 어떤 종류의 '부정성(否定性)'과 한계를 명시하고 이성(理性)이나 '지(知)'의 절대성이라는 19세기까지 널리 믿어져 온 근대의 '신화(神話)'를 근본부터 뒤엎어 버렸다는 점일 것이다. 뜻밖에 출현한 이 병행현상(竝行現象)에서 금세기의 과학과 사상을 꿰뚫고 흐르는 공통의 '시대정신'을 간파하는 것도 가능할지 모른다. 과학도 또한 '시대의 자식'이고 훌륭한 이론이란 다름 아닌 시대라고 하는 바다 위를 '폭풍에 앞서서 나르는 바다제비' 바로 그것이다.

그런데 이 책에서는 금세기에 출현한 천재와 그 혁명적 이론 중에서도 두드러진 광채(光彩)를 내고 있는 괴델과 그 불완전성 정리를 주제로 채택했다. 「불완전성 정리」라는 이름은 수학 팬은 말할 것도 없이 20세기의 사상에 조금이라도 흥미 있는 사람이면 이공계, 인문계를 불문하고 누구나가 한번은 언뜻 들었을 것으로 생각한다.

그러나 '그러면 그 내용은?'이 되다 보면 태반의 사람이 애매한 대답밖에는 할 수 없는 것이 아닐까? '어차피 초난해(超難解)한 이론일 것이니까 몰라도 당연하다'라고 처음부터 체념하고 있는 사람도 있을지는 모른다. 그러나 이 정리의 증명에 대한 아이디어 자체는 매우 단순하고 명쾌한 것이고 말끔히 설명하면 중학생도 이해할 수 있는 것이다. 이 책에서는 실제로 그러한 설명을 시도해 보았다(Ⅱ부).

괴델의 불완전성 정리의 참된 의의를 파악하기 위해서는 증명의 이해는 말할 것도 없지만 그것 이상으로 19세기 말부터 20세기 초엽에 이르는 수학사(數學史)의 흐름을 파악해 두는 것이 중요하다고 생각한다. 이 흐름 속에 위치 부여를 함으로써 비로소 불완전성 정리가 출현한 필연성과 그 전모를 바르게 파악할 수 있는 것이다.

그래서 이 책의 I부에서는 칸토어(Cantor) 이후의 현대 수학의 발자취가 어떻게 해서 괴델이라고 하는 '특이점(特異點)'으로 수렴(收斂)해 가는가를 문제의식과 시대 상황과를 교착(交錯)시키면서 상세히 추적하고 있다. 이 부분은 정리된 책이 적은 만큼 이 책의 '새로움'으로 되어 있다고 믿는다.

이 책을 읽게 되면 '수학이란 결국 사상(思想)이다'라는 것이 납득될 수 있는 것이 아닌가 생각한다. 그러한 의미에서 이 책은 전저

(前著)『수학, 아직 이러한 것을 모른다』(BLUE BACKS)의 속편(續編)으로도 되어 있다. 그래서 이 책도 전저를 본떠서 예비지식은 일체 가정하고 있지 않다. "처음에는 전부를 이해하려 하지 말고 소설을 읽는 것처럼 읽어 나아가"(괴델) 주면 다행이다.

이 책에 의해서 수학을 좋아하는 사람은 수학의 사상적 심오(深奧)함을 앎으로서 더욱더 수학을 좋아하게 되고 수학이 싫은 사람으로서도 수학에 대한 여러 가지 편견으로부터 해방돼서 이 책이 수학의 참된 재미에 눈을 뜨는 계기라도 된다면 지은이로서 이것 이상의 기쁨은 없다.

마지막으로 이 책에서도 전저와 마찬가지로 고단샤 과학도서출판부의 다나베 미즈오(田邊端雄) 씨에게 큰 신세를 졌다. 깊이 감사의 뜻을 나타낸다.

요시나가 요시마사

차례

프롤로그

'이성의 미궁'으로의 초대

「괴델은 인간의 이성 일반에 있어서의 한계라고 하는 것에 대한
역할을 분명히 보여 주었다」

J. R. 오펜하이머(Oppenheimer)

1. 지금 왜 괴델인가?

수학은 하나의 '사상'

나는 대학 시절 최초 이학부에 입학해서 수학을 배우고, 졸업 후 문학부에 다시 들어가서 철학을 공부했다. 이러한 경력이 있기 때문에 사회인이 돼서 첫 대면을 하는 사람으로부터 제일 먼저 질문을 받는 것은 십중팔구 '어째서 또 수학으로부터 철학으로?'라는 질문이었다.

이러한 사정은 40세가 되려고 하는 지금까지도 그다지 변화가 없다. 과연 입을 열자마자 제일 먼저 그러한 '무례한' 질문을 내던지는 사람을 만나는 것은 드물게 되었으나─그래도 열 사람 중 두서너 사람은 있다─조금 친해지면 반드시 질문을 받는다.

수학과 철학은 '물과 기름'의 관계에 있는 것으로 생각되고 있는 것 같다. 물론 모든 사람이 그러한 편견을 갖고 있는 것은 아니다. 그러나 태반의 사람에 있어서는 수학은 '실용적이고 세상에 쓸모가 있는 기술'이나 철학은 '아무 쓸모없는 괴짜가 배우는 학문'이라는 이미지가 정착되어 있는 것 같다.

그러나 이 일반적인 이미지는 양쪽 모두 문제가 있다. 철학이 일상생활에 '쓸모가 있는'지 어떤지는 어려운 부분이나 적어도 사고(思考)의 유연성이나 체계성(體系性)을 습득하는 데에는 철학은 모양새(체제)의 훈련의 장(場)을 제공해 준다. 무엇보다도 과거의 철학자의 저작(著作)은 여러 가지 사고 실험의 말하자면 박물관과 같은 것이기 때문에 가령 그것이 '바보의 화랑(畵廊)'(헤겔)에 지나지 않는다 해도 한번은 감상(鑑賞)을 위해 발길을 향해 보는 것도 결코 헛걸음이 아닌 '유익'한 것이라고 생각한다.

한편 수학을 '실용적이고 쓸모 있는 기술'로 보는 견해는 일면적인 파악 방법에 지나지 않는다. 확실히 결과적으로는 '쓸모 있는' 일도 많을 것이고 학교 수학이나 수험 수학의 이미지가 머리에 있으면 수치 계산이나 문제 해결을 위한—더 솔직히 말하면 점수를 따기 위한!—편리하나 어쩐지 획일적인 '기술'이라는 인상을 씻을 수 없는 것도 사실일 것이다

그러나 예컨대 1990년도의 필즈상(John Charles Fields 賞)을 수상한 모리 시게후미(森重文), 교토대학 교수의 이론이 과연 일상생활에 '쓸모 있는' 것일까? 백보 양보해서 현재의 최첨단 기술에 쓸모가 있는가라고 물어 봐도 '아니오'라고 말하지 않을 수 없다. 또 모리(森) 이론을 '기술'이라고 단언해도 되는지 아닌지도 의문이 있다. 출중한 솜씨(skill)가 사용되어 있는 것은 사실이나 거기서는 오히려 '기술'이 '사상'이고 '사상'이 기술'로 된다는 형태로 기술과 사상이 혼연일체로 되어 있다.

즉 수학자는 밖에서 보는 한 불가해(不可解)한 기호를 잘 조작해서 가지고 노는 기술자에 불과한 것처럼 보이나 수학자의 회색(灰色)의 뇌세포가 실제로 몰두하고 있는 것은 그들 기호의 "저쪽"에 있는 수학적 대상이라고 하는 관념적인 실체인 것이다. 그런 의미에서 수학자는 구체적인 여러 현상의 '저쪽'에 있는 본질이라고 하는 추상적인 개념을 상대로 하고 있는 철학자와 닮고 있다고 말 못할 것도 없다.

특히 현대 수학은 사상적으로도 분명한 틀이라는 주장을 갖고 있다. 그것이 무엇인가를 이야기하는 것이 사실은 『괴델 불완전성 정리』라고 제목을 붙인 이 책의 숨은 목적이기도 하다.

그러면 왜 괴델이고 불완전성 정리인가? 이유는 두 가지 있다. 하나는 괴델과 그 불완전성 정리가 현대 수학의 사상을 어떤 의미에서 가장 첨예적(尖銳的)으로 표현하고 있는 것이 아닌가라고 생각하기

때문이다. 두 번째의 이유는 현대 수학의 사상의 역사적인 성립 사정에 있다.

'미네르바(Minerva)의 올빼미'가 알리는 것

19세기 말부터 금세기 초에 이르는 약 반세기는 수학이 그 존재 근거를 근본부터 다시 추궁하는 시대였다. 칸토어의 집합론으로부터 발생한 패러독스의 가지가지가 수학의 확실성을 위협하고 소위 '수학 위기(危機)'의 파국적인(Catastrophic) 충격파가 수학을 엄습한 것이다. 수학은 이 재앙을 역으로 '식량'으로 전화(轉化)해서 스스로를 단련해 갔다. 그 수학 재건(再建)의 운동의 정점에 나타나고 더구나 스스로의 출신인 그 운동 이념의 근원적 불가능성을 선고해 버린 것이 다름 아닌 괴델의 불완전성 정리였던 것이다.

그래서 괴델과 그 불완전성 정리를 주제로 하는 것에는 두 가지 장점이 있다. 하나는 이 정리 자체의 재미있음과 심오(深奧)함이다 (괴델이라고 하는 사람의 특이성도 커다란 매력이다). 두 번째는 이 정리가 역사적 운동으로서의 현대 수학의 형성사(形成史)의 궁극적인 증인으로 되어 있다는 장점이다. 미네르바[그리스 신화의 아테네. 지(知)와 무용(武勇)의 여신]의 올빼미는 해질 무렵에 날아간다고 한다. 괴델의 불완전성 정리라는 '올빼미'도 역사의 저물 무렵에 날아가서 하나의 시대가 말하고자 했으나 말할 수 없었던 그 시대의 참된 '정신'을 고지(告知)한 것이다.

와세다 대학의 아다치 노리오(足立恒雄) 교수는 '현대 수학에의 초대'라는 부제(副題)를 갖는 저서 『무한의 끝에 무엇이 있는가』의 모두(冒頭)에서 다음과 같이 서술하여 집필 의도를 선명하게 제시하고 있다.

쿠르트 F. 괴델(Kurt F. Gödel, 1906~78)

다른 현대 과학과 마찬가지 정도로는 어렴풋이나마 현대 수학의 사상을 분별하고 있지 않으면 세계관에 결함이 있다고 말할 수 있는 것이 아닌가 하는 도발적인 질문 하에 중세(中世)의 어두운 단계에 머물고 있는 세간 일반의 수학적 지식을 현대 수학의 기초가 굳어진 20세기 전반(前半) 무렵의 수학의 수준까지 높이자는 의욕을 갖고 썼다.

나도 마찬가지의 의도와 의욕을 갖고 이 책을 썼다. 특히 '사상으로서의 수학'의 면과 '역사로서의 수학'의 면을 강하게 전면에 내세워 봤다.

그래서 이 책의 구성에 대해서는 뒤에 재차 상술하겠지만 여기서 '불완전성 정리란 도대체 무엇인가?' 그리고 그것은 '어떠한 사상적 의미를 갖고 있는가?'에 대해서 미리 간단히 언급해 두고자 생각한다.

2. 괴델은 무엇을 보여 주었는가?

이성(理性)에는 한계가 있다!?

괴델이 한 일은 수학적 논의의 논리적 구조를 측정할 수 없을 정도로 심화시키고 또 풍요롭게 했을 뿐만 아니고 인간의 이성 일반에 있어서의 한계라고 하는 것의 역할을 명백히 보여 준 것입니다.

이것은 1966년 4월 22일 오하이오 주립대학에서 괴델의 60세를 축하하는—우리나라로 말하면 회갑축하행사—학회가 열렸을 때 당시 프린스턴 고등학술연구소(이하 고등연구소로 약기)의 소장을 지내고 있던 오펜하이머가 인사말에서 괴델의 업적을 칭송한 말이다. 괴델의 불완전성 정리에 대해서는 가지각색의 사람이 각양각색의 찬사를 보내고 있으나 이 오펜하이머의 말은 그 중에서도 아마 가장 유명한 역사적 명문구라고 말해도 될 것이다.

'인간의 이성 일반에 있어서의 한계'라는 여기서의 키워드(Keyword)는 칸트(Kant)의 철학적인 문제의식과도 서로 깊숙이 호응하고 있다. 오펜하이머는 그러한 것을 충분히 의식해서 이러한 평가를 내린 것이라고 추찰(推察)된다.

즉 칸트는 그이의 주된 저서 『순수이성비판』에서 「이성능력 일반에 대한 비판」을 과제로 내걸고 그 목적을 이렇게 서술하고 있다.

이 비판은 형이상학(철학) 일반의 가능 또는 불가능의 결정, 이 학문의 원천, 범위 및 한계의 규정이라는 것으로도 되나 그러나 이러한 것들은 어느 것도 원리에 의거해서 이루어지는 것이다.

칸트와 같은 쾨니히스베르크 출신의 수학자 힐베르트(Hilbert)는 『순수이성비판』 간행(刊行)으로부터 135년 뒤에 「힐베르트의 프로그램」이라 불리는 연구목표를 내걸고 순수이성의 무한의 가능성을 수학 속에서 보려고 하였다. 괴델은 그 불완전성 정리에 의해서 '이성의 한계'를 증명하여 힐베르트의 프로그램을 부정적으로 완성시켰다. 더구나 그것을 '원리에 의거해서' 이룬 것이기 때문에 괴델은 힐베르트의 대선배인 칸트의 꿈을 피상적인 결과이기는 했으나 자의(字義)대로 실현시켜 보였다고 말해도 좋을지도 모른다.

폰 노이만은 이야기한다

괴델의 불완전성 정리의 내용을 한마디로 말하는 것은 매우 간단한 일이다. 여기서는 괴델의 이론을 가장 잘 이해한 사람 중의 한 사람이었던 폰 노이만에게 해설을 부탁하도록 하자. 1951년 3월 14일 괴델이 제1회 앨버트 아인슈타인 상에 빛나는 수상식에서 「괴델 박사에게 보내는 찬사」라는 제목을 붙여 행해진 폰 노이만에 의한 일반 강연에서 발췌한 것이다.

괴델은 어떤 수학의 정리에서 현재까지 채택되고 있는 수학의 엄밀한 수단을 사용해서는 그것을 증명하는 것도 부정하는 것도 불가능한 것이 있다는 것을 증명한 최초의 사람입니다. 바꿔 말하면 그 분은 결정 불가능한 수학적 명제(命題)의 존재를 증명한 것입니다.

이것이 오늘날 말하는 바의 「제1불완전성 정리」이다. 이 정리로부터 즉각 유추(類推)되는 거듭 중요한 내용을 갖는 「제2불완전성 정리」에 대해서 폰 노이만은 다음과 같이 해설하고 있다.

괴델은 거듭 이 결정 불가능한 명제 중에 매우 중요하고 특별한 명제가 있다는 것을 증명했습니다. 즉 '수학은 그 내부에 모순을 포함하지 않는다'라는 명제가 그것입니다. 그 결과에는 '자기 부정적'이라는 패러독스한 성격에 있어서 현저한 특징이 있습니다. 즉 수학이 모순을 포함하지 않는다는 것에 대한 확인은 '수학적 수단'으로는 결코 얻을 수 없는 것입니다. 중요한 것은 이러한 것이 철학적 원리라든가, 그럴 듯하나 불확실한 지적인 방침 등으로부터가 아니고 극도로 학문적이고 엄밀한 수학적 증명으로부터 얻어진 결과라고 하는 것입니다.

요약하면 「제2불완전성 정리」의 요지는 이렇다.

「수학이 모순이 없는 한 수학은 나의 무모순성을 자신으로는 증명할 수 없다.」

게다가 이러한 것이 학문의 뒤떨어짐이나 수학자들의 무력(無力) 때문은 결코 아니고 원리적으로, 따라서 영원히 증명할 수 없다고 주장하고 있는 것이다.

자기모순—이론체계에 잠재하는 '암 유전자'

이것은 상당히 충격적인 결과다. 중대한 사태이다. 의학으로 말하면 암 유전자의 발견으로도 비유할 수 있을지도 모른다. 주지하는 바와 같이 암의 원료(素)인 암 유전자는 암원(原) 유전자로서 인간의 모든 세포에 있는 DNA 속에 견고하게 짜 넣어져 있었다. 아니, 그렇기는커녕 오히려 원래는 인간의 성장에 없어서는 안 될 유전자였던 것 같다.

즉 우리들은 이미 암을 밖으로부터 들이닥치는 악역(惡疫)으로 볼 수는 없고 '내적(內的)인 가시'로서 안고 있는 이상 영원히 암과의 공존을 강요당하고 있다는 것이다. 불완전성 정리도 자기모순이라고 하는 이론 체계에 있어서의 '암'이 원리적으로 근절 불가능한 질병이라는 것을 보여 준 것이라고 말 못할 것도 없다.

물론 암 유전자가 있으면 반드시 암이 되는가 하면 결코 그렇지 않다는 것을 우리들은 경험적으로 알고 있다. 수학에서도 마찬가지로 무모순성의 증명이 내부적으로는 결정 불가능하게 된다고 해서 수학의 모든 이론이 무의미하게 되는 것은 아니다. 그렇기 때문에 오히려 이러한 비유를 하는 편이 보다 적절할는지도 모른다. 즉 '인간은 자신이 건강한 이상 자신이 건강하다는 것을 자신으로서는 알 수 없다.'

'괴델, 붐', 그리고 여러 가지 오해

괴델의 불완전성 정리는 이러한 충격적이고 게다가 알기 쉬운 이미지가 풍부한 내용을 갖고 있었기 때문에 수학 이외의 분야에서도 차츰 주목을 받게 되었다. 예컨대 괴델이 죽은 다음해에 간행된 더글라스 R. 호프스태터(Hofstater)의 『괴델, 에셔, 바흐』는 큰 저술(大著)임에도 불구하고 전 미국에서 일대 베스트셀러가 되었다. 일본에서도 노자키 아키히로(野峰睦私), 하야시 하지메, 야나세 쇼키(柳潮尙紀) 세 사람의 명인(名人)의 기예적(技藝的)인 번역이 출판되자마자 광범위한 독자층을 얻어 화세를 불러일으킨 것은 아직도 기억이 새롭다고 생각한다.

나도 당시 놀랄 만한 체험을 한 일이 있다. 저녁시간의 통근 러시아워에 도심의 지하철을 타고 가던 중의 일인데 퇴근길로 보이는 젊은 여성이 때마침 겨우 좌석에 앉게 된 내 앞에 섰다. 그리고 입추의 여지도 없는 만원 전차 안에서 유유히 그 중량감이 있는 방대한 책을 핸드백에서 꺼내자마자 가볍게 한 손에 올려놓고―또 한 쪽의 손은 손잡이―열심히 읽기 시작했다. 이 광경을 목격했을 때의 형용하기 어려운 감동은 나는 지금까지도 잊을 수 없다. 괴델은 위대하다!!

그밖에 문예비평의 가라타니 고진(柄谷行人) 씨에 의한 「괴델의 문제」에 대한 적극적인 언급 등이 도화선이 되어 괴델의 불완전성 정리에 대한 관심은 점점 높아지고 있는 것 같다.

그러나 가라타니 씨처럼 말끔히 소화해서 발언하고 있는 사람들은 아직 극히 소수여서 유감스럽게도 많은 사람들은 매우 애매한 이해라고나 할까 미수(微睡)나 오해 속에서 이 정리를 파악하고 있는 것 같은 생각을 금할 수 없다.

말하기를 "괴델은 인지(人智)의 한계를 보여 줬다", 말하기를 "우리들은 원리적으로 불가지(不可知)의 어둠 속을 방랑하는 몸인 것이다", 말하기를 "괴델의 불완전성 정리는 과학의 궁극적인 무력함을 실증했다", 말하기를 "그래서야말로 비트겐슈타인(Witgenstein)이 별개의 문맥(文脈)으로 한 말을 빌리면 '이야기할 수 없는 것에 대해서는 침묵을 하지 않으면 안 된다'" 등.

특히 마지막 의견에 대해서는 나는 적극적으로 반론을 제기하고 싶은 생각이 든다. 비트겐슈타인이 괴델을 이해하고 있지 않았다라고 하는 역사적 사정이 있기 때문이라는 이유로 그렇게 하고자 하는 것은 아니다. 괴델은 오히려 '이야기할 수 없는 것에 대해서 이야기하기' 위한 방법과 한계와 이념을 명백히 한 사람이 아니었는가라고 생각하기 때문에 반론을 제기하고자 하는 것이다.

이러한 종류의 오해의 원흉(元凶)은 역시 원래의 수학적 문맥으로부터 끊어 분리한 불완전성 정리의 제한 없는 확대 해석에 있다고 말할 수 있을 것이다. 과학적 사실을 바탕으로 한 그 해석의 유추적(類推的, Analogical) 확장은 철학적 사유(思推)의 강력한 무기(武器)의 하나이나 그 때 출발점으로 되는 과학적 사실의 원해석(原解釋)이 정확해야 하는 것이 필요불가결한 조건이 된다. 애매한 이해로부터 출발한 확대 해석만큼 백해(百害)는 있어도 일리(一利)가 없는 것은 그밖에는 없다.

예컨대 「괴델의 불완전성 정리」라고 말하나 이것은 정확히 말하면 「괴델에 의해서 증명된 페아노(Peano)의 산술의 공리계(公理系)를 포함하는 모순 없는 형식적 체계―간단히 말하면 산술을 포함하는 모순 없는 체계―에 관한 불완전성 정리」를 말한다. 무엇에 관한다는 부분이 명시될 수 없으면 '불완전'이라는 개념은 공중에 떠 버린다.

그래서 괴델이 불완전성 정리의 전년(前年)에 증명한 「완전성 정리」와의 구별도 할 수 없게 돼 버리는 것이다. 이쪽은 「제1계(階) 술어 논리에 관한 완전성 정리」이고 불완전성 정리와는 문제로 하고 있는 대상이 전혀 다르다.

결국 괴델의 불완전성 정리가 갖는 전체적인 의미를 바르게 파악하기 위해서는 여기서 설명을 빼고 사용한 완전, 불완전, 무모순, 형식적 체계 등의 여러 가지 용어에 대해서 대충의 이해와 이미지를 갖고 있는 것이 필요하다고 하는 것이다. 이 책에서는 이 작업을 근거로 해서 원논문(原論文)에 따르는 형태로 불완전성 정리의 증명에 대한 절차까지 파고든 해설을 한다.

그때에도 아이디어의 흐름을 포착하는 것과 이미지를 중요시했기 때문에 '뭐야, 의외로 쉽잖아'라는 감상을 꼭 갖게 될 것이라고 생각한다.

3. '이성의 미궁'으로부터의 탈출은 가능한가?

인간은 우주를 이해할 수 있는가, 없는가?

일본에서도 베스트셀러가 된 스티븐 W. 호킹의 저서 『호킹, 우주를 이야기하다』 중의 가장 유명한 대목에 다음의 한 구절이 있다.

우리들과 이 우주가 존재하고 있는 것은 어째서인가? 만일 그에 대한 대답을 찾아낼 수 있으면 그것은 인간 이성의 궁극적인 승리가 될 것이다—왜냐하면 그때 우리들은 신(神)의 정신을 알게 되는 것이기 때문에

아무리 해도 '괴델 이후'의 발언이라고는 생각될 수 없으나 이것은 호킹의 '이론'이라기보다는 오히려 '신념' 또는 '결의'로서 이해해야 할 것이다. 이러한 신념이 있기에 '만물의 이론'에 의한 '과학의 종언(終焉)'을 공공연하게 목표로 할 수 있는 것이다. 그러한 의미에서 호킹의 사상은 헤겔 철학과 현저한 친근성을 갖는 일면이 있다.

이에 대응하는 발언을 아인슈타인의 명언집(名言集)에서 찾아보면 우선 생각나는 것이 다음의 한 구절이다.

이 우주에서 가장 이해 불가능한 것, 그것은 이 우주가 이해 가능한 것이다.

이것은 상당히 교묘한 발언이다. 형식적으로는 배중률(排中律, Law of Excluded Middle), 즉 「A이고 동시에 A가 아닌 것은 있을 수 없다」라는 논리법칙에 위배되나 '이 우주'에 대한 자기언급성(自己言及性)이 배중률을 수용해 버리고 있다고도 해석할 수 있다. 이해 불가능성은 '이 우주의 이해 가능성'에 대해서 메타레벨의 판단으로 되어 있는 셈이다.

그래도 전체적으로 볼 경우 '우주는 이해 가능한 것인가, 이해 불가능한 것인가, 어느 쪽인가?'라고 질문을 받으면 '결정 불가능하다'라고 대답하지 않을 수 없다. 과연 만년(晩年) 괴델과 친했던 아인슈타인이 아니고는 할 수 없는, 묘미 있는 발언이라고 생각한다.

그러나 아인슈타인 자신은 고전적인 과학적 정신의 소유주였기 때문에 사실은 호킹처럼 목청을 높여서 이성의 승리를 구가(謳歌)하고 싶었는지도 모른다. 양자론에 대한 집요한 저항과 반박으로부터도 그것은 짐작할 수 있다.

데카르트의 사고 실험

이러한 상반되는 감정을 갖는(Ambivalent) 입장에서 생긴 아인슈타인의 명문구가 '신은 노회(老獪)하나 악의는 없다'라는 말이다. 이 말은 통상 '자연이 그 비밀을 감추는 것은 자연의 본질이 고귀하기 때문이지 책략을 궁리하고 있기 때문은 아니다'라는 상당히 경박한

해석으로 파악되어 있다. 그러나 이 발언은 아마 데카르트의 유명한
사고 실험을 염두에 두고 있고 그러하다면 여기서 말하는 '신'은 상
당히 '불완전'한 것은 아닌가-수학이 그러한 것처럼-라고 나에게는
여겨지는 것이다.

데카르트의 사고 실험이란 『성찰(省察)』속에서 전개되고 있는 논
의로서 다음과 같은 것이다.

그래서 나는 진리의 원천인 최선의 신은 아니고 어떤 악의 있는 동시에
더할 나위 없이 유력하고 노회한 영혼(요컨대 악마)이 나를 속이는 데에 자
기의 전력을 기울였다고 가정하자. 그리고 하늘(天空)도, 대기(大氣)도, 대
지(大地)도, 색(色)도, 형태도, 소리도, 기타 일체의 외물[外物, 자아(自我)에
속하지 않고 객관적 세계에 존재하는 것]은 이 영혼이 나의 믿기 쉬운 마
음에 덫을 건 꿈의 환영(幻影) 바로 그것이라고 생각하자. 또한 나 자신은
손도, 눈도, 살도, 피도, 아무런 감각기관도 갖지 않고 다만 잘못돼서 이것
들 모두를 갖는다고 생각하고 있는 것으로 보자. 나는 이 성찰에 강하게
집착해서 벋디디어 설 것이다.

이 사고실험은 데카르트 시대에는 단순한 관념의 놀이이고 철학
자의 잠꼬대—'무용(無用)하고 불확실한 데카르트'(파스칼)—라고 생
각되고 있었는지도 모르나 현재로서는 현실에 실체험(實體驗)이 가능
한 것으로 되어 있다. 말할 것도 없이 버추얼 리얼리티(Virtual
Reality, 가상현실)의 출현 덕분이다.

버추얼 리얼리티가 그리는 '악몽'

버추얼 리얼리티에 있어서는 컴퓨터라고 하는 이름의 '더할 나위
없이 유력하고 노회한' 기계가 우리들을 '속이는 것에 전력을 기울

여' 주는 것이다.

더욱이 이것은 다행하게도 아직 가공(架空)의 이야기이지만 '배양조(培養槽) 속의 뇌'라고 하는 악마적인 아이디어가 있다. 뇌의 어떤 부분에 자극을 주면 피시험자(被試驗者)는 수술실의 침대 위에 누운 채로 색깔이나 형태, 소리 등(초원의 빛남, 산들산들 부는 바람, 시냇물의 졸졸 흐르는 소리……)을 지각하고 가공의 현실을 의사 체험(體驗)한다는 사실이 캐나다의 뇌생리학자 펜필드 등에 의해서 보고된 것은 제법 옛날의 일인데 이 원리를 역용(逆用)하려고 하는 것이다.

즉 어떤 인물이 수면 중에 뇌만 끄집어내어 그 뇌를 배양조 안으로 옮긴다. 그리고 매드 사이언티스트가 과학의 정수(精粹)를 구사해서 그 인물의 이제까지의 일상(日常)을 정확히 재현하는 자극을 지속적으로 주면 그 뇌는 이것이 몸으로부터 분리된 것을 알아차리지 못하고 평상시와 같은 일상생활을 계속 '체험'해 갈 것이라는 것이 '배양조 속의 뇌'에 대한 시나리오인 것이다.

뇌과학이 충분히 발달되면 원리적으로는 이 광기(狂氣)의 아이디어도 실현 가능할지 모른다. 버추얼 리얼리티와 '배양조 속의 뇌'는 사상적으로는 상응적인 발상(發想)이다.

만일 이렇게 해서 가상현실이 실재(實在)의 현실과 경합하게 되면, 즉 버추얼 리얼리티에서 사는 시간과 현실 생활에서 지내는 시간이 같은 정도의 비중을 갖게 되면 어떤 것이 진짜 현실이고 어떤 것이 거짓의 현실인지를 본인 자신으로는 분별할 수 없게 되어 버릴지도 모른다.

장자(莊子)의 예언이 성취되는 것이다.

도대체 주(周)의 꿈에 나비로 되는가, 나비의 꿈에 주로 되는가 (『장자』「제물론(齊物論)편」).

이것은 한마디로 말하면 다음과 같은 사태의 도래(到來)를 의미하고 있다.

《현실감이 모순이 없는 한 그 현실을 체험하고 있는 본인에게는 그 현실이 정말인지 거짓말인지를 판단하는 방법은 없다.》

이것은 바로 괴델의 불완전성 정리의 현실판(版)은 아닐까. "정의(正義)의 꿈은 오로지 '신'의 기쁨"(랭보, Rimbaud)인데 꿈의 정의(正義)는 '악마'의 기쁨이기도 한 것이다. '노회(老獪)한 것'에 '악의는 없다'라는 보증(保證)이 어디에 있다고 하는 것인가요, 아인슈타인 씨!

프랑스의 수학자 앙드레 베이유—괴델과 마찬가지로 아사(餓死)를 선택한 특이한 사상가 시몬느 베이유의 실형(實兄)—가 불완전성 정리에 관련해서 이렇게 말했다고 전해지고 있다.

신은 존재한다. 왜냐하면 산술(算術)은 모순이 없기 때문에.

악마는 존재한다. 왜냐하면 우리들은 산술의 무모순성을 증명할 수 없기 때문에.

이것이 우리가 놓여져 있는 또는 놓여지려고 하고 있는 현실이다. 시대는 확실히 '괴델적 상황'으로 차츰 돌입하고 있다. '인간 이성의 궁극적인 승리'가 고지(告知)하는 것은 '신의 정신'인 것인가 또는 '악마의 교지(敎知)'인가, 그러한 것을 판단하는 방법은 적어도 괴델의 불완전성 정리가 올바른 한-그리고 그것은 올바른 것이나-인간의 이성 그 자체에는 주어져 있지 않다.

'이성의 미궁'과 아리아드네의 실

이것은 바로 이성의 미궁이다. 미궁 속으로 깊숙이 빠져든 끝에 어느 날인가 인류는 스스로가 전진해 온 길을 돌이켜보고 이렇게 자문자답할지도 모른다.

마지막으로 나는 스스로 허위(虛僞)를 미끼로 하고 있었던 일을 사죄하자. 자, 가는 것이다. 그런데 친구의 손길이 있을 리가 없다. 구원(救援)을 어디서 구할 것인가(랭보, 고바야시 히데오 옮김).

미궁으로부터의 탈출을 가능케 하는 '아리아드네의 실(어려운 문제를 푸는 방법)'이 없는 이상 우리들은 구원을 어디서 구하면 될 것인가? 대답은 아마 틀림없이 미궁 그 자체에 있을 것이다. 결국은 괴델의 불완전성 정리 그 자체에. 이렇게 해서 우리들은 재차 최초의 출발점에 서게 된다.

괴델의 불완전성 정리란 무엇인가?

그러나 긴 여행을 떠나기에 앞서 조금 시간을 할애 받아 여행 준비를 해 두고자 생각한다.

4. 이 책을 읽어 나아가기 위하여

수학사의 흐름 속으로부터

이 책의 구성과 주의 사항에 대해서 미리 간단히 설명해 둔다.

이 책은 2부 구성으로 되어 있다. I부의 목적은 괴델과 그 불완전성 정리의 등장에 대한 필연성을 설명하는 일이다. 1장과 2장은 칸토어가, 3장과 4장에서는 힐베르트가 거기서의 주인공이다. 연대적(年代的)으로는 칸토어가 집합론을 창시한 1874년부터 괴델이 그「완전성 정리」에 의해서 데뷔하기 직전인 1928년까지의 약 반세기 남짓의 (괴델로부터 본) 수학사의 발걸음이 여기서는 화제의 중심으로 되어 있다.

불완전성 정리의 내용과 증명을 재빨리 알고 싶어 하는 사람 중에는 자못 우회적이고 시간의 연장이라는 인상을 갖는 분이 있을지 모르나 결코 그렇지는 않다. 불완전성 정리의 의의를 참으로 이해하려고 생각하면 이 I부는 필요불가결할 뿐만 아니고 매우 중요한 의미를 갖고 있다.

칸토어 → 힐베르트 → 괴델

의 라인(Line)을 파악했을 때 비로소 괴델과 그 불완전성 정리의 존재 의의가 자연적인 흐름으로 이해될 수 있다는 것이 나의 생각이다. 이러한 역사적 배경을 빼버리면 불완전성 정리는 단순히 잘 만들어진 퍼즐(Puzzle)과 구별이 되지 않을지도 모른다.

또한 괴델의 3대 업적이라고 일컬어지는 것은 「제1계 술어논리의 완전성 정리」와 「산술을 포함하는 모순 없는 체계에 관한 불완전성 정리」, 그리고 「연속체 가설의 무모순성의 증명」의 세 가지이나 이들의 문제는 역사적으로는 해결된 연대(年代)와는 역의 순번이고 모두 이 I부에 나타나게 된다. 이러한 수학사의 큰 흐름을 파악해 두고자 하는 것이 I부의 목적이다.

II부에서는 「완전성 정리」의 의미와 「불완전성 정리」의 증명에 대해서 상술하였다. 그리고 마지막으로 괴델이라고 하는 사람에 대한 프로필을 정리한 것이 II부의 3장이다. 이 장만은 독립되어 있기 때

문에 여기서부터 읽어도 괜찮다. 다만 다른 장은 시간적으로도 논리
적으로도 일방향적(一方向的)인 중첩으로 되어 있기 때문에 도중에서
읽게 되면 논지(論旨)를 파악하기 어려울지도 모른다. Ⅱ부는 「완전
성 정리」의 증명이 성립된 1929년(논문은 다음해)부터 1978년의 괴
델의 죽음까지의 반세기가 수비(守備) 범위이다. 그러나 1932년 이
후에 이루어진 연속체 가설 관계의 업적에 대해서는 에필로그에서
간단히 언급하는 것으로 그쳤다.

　결과적으로는 Ⅰ부와 Ⅱ부를 합쳤더니 뜻밖에 괴델을 중심으로 한
현대 수학의 100년사를 이야기한 것이 되었다. 소박한 의문이 어떻
게 해서 수학의 기초를 뒤흔들었고 그렇게 해서 도래한 「수학의 위
기」에 종지부를 찍은 것도 얼마나 소박한 발상이었는가를 이 100년
사를 통해서 이해해 주었으면 다행이다.

증명, 논리학에 대해서

　몇 가지 주의점을 부기해 둔다. 먼저 본문 중의 증명에 대해서.
　이 책에 등장하는 기호의 일람표는 「프롤로그」의 마지막에 정리하
였다. 또한 이러한 숫자상의 기호를 사용하지 않을 수 없는 경우나
어느 정도의 논리적 사고가 필요한 부분에 대해서는 페이지마다 좌
우를 선으로 둘러서 명시하였다. 수학의 기호에 익숙하지 못한 독자
는 최초의 통독(通讀)을 할 때에는 이 부분을 건너뛰어서 읽어도 상
관없다. 그 중에서도 특히 해당되는 장은 Ⅰ부 1장과 Ⅱ부 2장이다.
특히 괴델의 증명을 진지하게 취급한 Ⅱ부 2장은 초학자(初學者)에게
는 읽기 힘든 것이 아닌가 하는 위구심(危懼心)을 갖는다. 이 책에서
몇 번이나 등장하는데 여기서도 괴델이 어머니 마리안네에게 보낸
편지의 한 구절을 독해(讀解)할 때의 지침으로서 실어 두고자 한다.

추상적인 개념을 두려워할 것은 없습니다. 처음에는 모두를 이해하려 하지 말고 소설을 읽는 것처럼 읽어 나가기 바랍니다.

다음으로 논리학에 대해서.

괴델은 수학자라고 하기보다는 수리논리학자 또는 단적으로 논리학자라고 부르는 것이 걸맞은 경력의 소유자이다. 그 괴델에 대한 해설서인 이상 논리학의 기본지식을 상세히 소개하는 것이 원래는 순서이다. 그러나 이 책에서는 기호논리의 해설은 의도적으로 필요 최소한의 것으로 그쳤다. 이해하기 어렵기 때문에 상세한 설명을 그만둔 것은 아니다. 오히려 반대이다. 너무나도 지나치게 '지루하기' 때문에 이 책에서 그 해설을 거의 전면적으로 제거한 것이다.

물론 괴델에 대해서 본격적으로 배우고자 하는 독자는 이 책을 모두 읽은 뒤 적절한 전문 서적으로 지루한 학습을 계속하지 않으면 안된다. 그러나 논리학의 기호 조작에 숙달되어 있지 않아도 불완전성 정리의 증명의 요지를 파악할 수 있다고 말하면 논리학자로부터 야단맞을지도 모르나 일반 서적인 이 책에서는 만용(蠻勇)을 부려서 이 방침을 관철하기로 하였다.

이상으로 이 책의 구성과 주의점에 대한 설명은 끝났다. 그러면 당장 조금 딱딱한 1장부터 괴델을 향한 순례 여행을 떠나기로 하자.

기호표

◆ 집합론

$A = \{a, b, c\}$ A는 요소 a, b, c로 이루어진 집합

$A = \{x \mid P(x)\}$ A는 성질 $P(x)$를 충족시키는 요소 x의 집합.

$a \in A$ a는 A에 속한다. a는 A의 요소

$a \notin A$ a는 A에 속하지 않는다. a는 A의 요소가 아니다.

$X \subset A$ X는 A에 포함된다. X는 A의 부분집합

N 자연수 전체의 집합(다만 0을 포함한다)

Q 유리수 전체의 집합

R 실수 전체의 집합

$\overline{\overline{A}}$ 집합 A의 농도

2^A 집합 A의 멱집합

(A의 모든 부분집합의 집합)

$\aleph_0$ N의 농도(알레프 제로라고 읽는다)

$\aleph$ R의 농도(알레프라고 읽는다)

$\aleph_n$ n번째의 초한수(超限數)〔초한기수(超限基數)〕

◆ 논리와 증명

$\daleth\, P$ P가 아니다(부정)

$P \lor Q$ P 또는 Q

$P \land Q$ P 그리고 Q

$P \rightarrow Q$ P이면 Q

$P \leftrightarrow Q$ P와 Q는 동치

$\forall x\, P(x)$ 모든 x에 대해서 성질 $P(x)$가 성립된다

$\exists x\, P(x)$ 성질 $P(x)$를 충족시키는 x가 존재한다

$\vdash A$ A는 증명 가능

$\Vdash A$ A는 토톨러지(항진식, 恒眞式)

I
「수학의 위기」가 괴델을 요청하였다

「누구라도 칸토어가 우리들을 위해서 창설해 준 이 낙원으로부터
우리들을 쫓아낼 수는 없을 것이다!」

D. 힐베르트

1. 무한이란 무엇인가?

1. 헤아릴 수 없는 것을 센다 !?

교 수 셈하는 방법은 알고 있겠지요? 몇까지 셀 수 있지요?
여학생 저는……무한으로 셀 수 있어요.
교 수 그러한 일은 있을 수 없습니다. 아가씨.
여학생 그러면 16까지
교 수 그것으로 충분해. 인간은 사물(事物)에 대한 한도라는 것을 알지 않으면 안 됩니다.

프랑스의 극작가 이오네스코(Ionesco)의 부조리극(不條理劇) 『수업(授業)』에 등장하는 우스운 회화이다. 괴델에 접근하기 위해서 우리들은 이 회화를 실마리로 해서 이야기를 시작하자.

숫자에 흥미를 느끼기 시작한 어린이들은 1, 2, 3……으로 어디까지라도 숫자가 계속되어 가는 것에 한 번은 놀라움을 느끼는 것이다. 확실히 이 여학생의 대답처럼 '센다'고 하는 조작은 무한으로 반복해 갈 수 있다.

잠을 이루지 못하는 밤에 '양이 한 마리, 양이 두 마리……'라고 세는 경우 어지간히 잠이 안와도 꿈의 목장에서 양이 없어지는 일은 없다. 가령 하룻밤을 지새워서 셈을 계속한 결과 새벽을 맞이하고 대단한 숫자의 양이 머릿속에서 북적거렸다 해도 아직도 양의 숫자는 증가시켜 갈 수 있다. 만일 '이것이 마지막 한 마리'라는 무한대의 수가 있었다 해도 거기에 또 한 마리를 부가시키면 거듭 큰 숫자를 얻을 수 있기 때문이다.

〈그림 1-1〉 '무한으로' 셀 수는 있으나 '무한을' 셀 수 있는가?

즉 '무한으로' 셀 수는 있으나 '무한을' 셀 수는 없다는 것이다.

이오네스코의 극 중의 교수는 여학생에게 그러한 것을 가르치고 싶었는지도 모르나—다만 『수업』을 읽어 보면 알 수 있는 것처럼 이 교수는 교육에 열중한 나머지(?) 여학생을 살해해 버리는 위험인물이다—실제로 불과 120년쯤 전까지 사람들은 무한을 '셀 수 없는 것'으로 믿고 있었다.

칸토어의 발견—무한을 셀 수 있다!

그런데 1870년대에 게오르크 칸토어라는 독일의 수학자가 무한을 셈하는 방법을 '발견'하였고 한마디로 무한이라고는 하지만 그 속에는 크고 작은 여러 가지 무한이 있다는 것을 밝혀 버린다. 그리고 무한의 크기의 비교 과정에서 갑자기 출현한 현대 수학의 최대의 수수께끼라고 해도 되는 초난문이 바로 괴델이 후반생을 그 탐구에 바친 「연속체 가설」이었던 것이다.

괴델은 말하자면 '인간의 사고에는 한계가 있다'는 것을 보여 준 그 획기적인 「불완전성 정리」의 증명 후 이 「연속체 가설」의 문제에 몰두한다. 그리고 1938년에 대강의 해결을 얻었다. 그러나 괴델은 이 결과에 만족하지 않고 보다 높은 시야에서 이 문제를 위치 부여하여 그 본질에 다가서는 작업을 완수하는 것을 목표로 삼았다. 그리고 이러한 것이 그 생애의 강박관념이 되었다고 한다.

정곡을 찌른 견해를 갖는다면 '위험인물'인 교수가 여학생을 깨우친 말은 이러한 역사적 상황과 서로 반향(反響)하고 있었다고 말 못 할 것도 없다. 어떻든 괴델이 얻은 결과와 새로운 문제 제기에 대해서는 이 책의 마지막에서 언급하기로 하고 이 장에서는 「연속체 가설」의 의미를 이해하는 것을 당면의 목표로 하자.

그를 위해서는 칸토어가 시작한 '무한을 셈하는 방법'을 아는 것이 선결 문제이다. '셀 수 없는 것'일 무한을 칸토어는 어떻게 해서 센 것이었을까? 착안점은 의외로 단순해서 칸토어는 보통의 의미에서의 '센다'라는 조작의 본질을 간파하여 그 방법을 그대로 무한의 계산에 응용한 것이다.

그러면 '셈을 한다'는 것의 본질이란 무엇일까?

'셈을 한다'는 것의 본질은 '1대 1 대응'

동심으로 돌아갈 작정으로 '셈을 한다'는 것은 어떠한 조작인가를 생각해 보자. '올바르게 셈을 하기' 위해서는 물론 '셈의 착오'가 없는 것이 필요하다. 그러면 '셈의 착오'는 어떠한 경우에 일어나는 것일까?

세 가지 경우를 생각할 수 있다. 첫째로 '수를 틀리게 말하는 경우이다. 6개의 '물건의 집합'—이후 이것을 6개의 '요소로 이루어진 집합'이라고 표현한다—을 세는데 〈1, 2, 4, 5, 6, 7〉이라든가 〈1, 2, 3, 4, 4, 5〉라고 세어서는 숫자는 틀려 버린다.

두 번째로 '빠뜨리고 셈을 하는' 경우. 빠뜨려서는 올바른 숫자는 얻을 수 없다. 더욱이 같은 요소를 '중복해서 세는' 경우도 안 되고 이것이 세 번째 경우이다. 이 세 가지 오류만 범하지 않으면 유한개(有限個)의 물건의 집합인 유한집합의 요소의 수를 누구라도 정확히 셀 수 있다.

이러한 것은 1, 2, 3……으로 숫자를 하나씩 써넣은 표를 세고자 하는 물건에 붙이는 조작에 상당한다. 즉 이 라벨을 붙이는 조작에 의해서 1, 2, 3……이라고 하는 자연수의 일부(부분집합)와 셈의 대상인 집합의 요소가 꼭 하나씩 짝(Pair)으로 되는 것이다. 이러한 것을 '1대 1의 대응' 또는 '1대 1 대응'이라고 부른다. 결국 '센다'라고 하는 조작의 본질은 이 두 개의 집합 사이의 1대 1 대응에 있

1. 수를 틀리게 말함

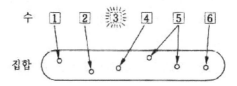

2. 빠뜨리고 셈을 함

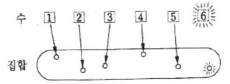

3. 중복해서 셈을 함

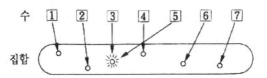

4. 올바르게 셈을 함

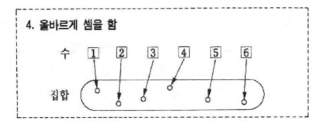

〈그림 1-2〉 '셈의 착오'에는 세 가지 경우가 있다

었던 것이다.

수학의 말로는 지금 말한 '수를 틀리게 말함'이 일어나지 않도록 하는 대응관계를 '사상(寫像)'이라고 부른다. 이 말을 사용하면 자연수(의 부분집합)로부터 유한개의 요소를 갖는 무언가의 집합으로의 사상이 '셈을 한다'라는 조작에 해당한다.

또한 '빠뜨리고 셈을 하는 일'이 없는 경우 이 사상에 대한 것을 특히 '전사(全射)'라고 부른다. 같은 것을 '중복해서 세는' 일이 없는 경우에 해당하는 것이 '단사(單射)'이다. 그리고 전사이면서 게다가 단사로도 되어 있는 사상은 '전단사(全單射)' 또는 '쌍사(雙射)'라고 부른다. 1대 1 대응이란 사상의 말로 표현하면 다름 아닌 이 쌍사 바로 그것이다.

쌍사 또는 1대 1 대응이 '셈을 하는' 일의 본질이라 하면 무언가 완곡한 말투처럼 들리나 우리들은 평소 의식하는 일은 없으나 이 1대 1 대응의 사고 방법을 빈번하게 활용하고 있다. 예컨대 다음의 문제를 생각해 보기 바란다.

문제

전국에 공장이나 지점, 영업소를 갖는 어떤 대기업이 사내 친선을 위한 야구대회를 개최했다. 각 지역에서 참가한 팀 수는 365팀. 시합은 무승부가 없는 토너먼트(승자 진출 방식)로 진행되었는데 그러면 우승팀이 결정될 때까지 이 대회에서는 전부 몇 개의 시합이 진행되었을까?

몇 개 팀밖에 출전하지 않았다면 각 팀마다의 대전표를 짜는 것도 간단하나 365팀이 되다 보면 그렇게는 되지 않는다. 그러나 '셈을 한다'는 것이 1대 1 대응 바로 그것이라는 것을 알고 있으면 다음과 같이 생각함으로서 해답은 암산으로 낼 수가 있다.

A로 부터 B로의 사상

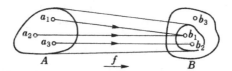

집합 A의 요소 (a_1, a_2, a_3)는 사상 f(화살표의 대응을 말함)에 의해서 집합 B의 하나에 비춘다(위의 그림에서는 a_1이 b_1, a_2가 b_1, a_3가 b_2에 비춘다).

전사(빠뜨리고 셈을 하는 일이 없다)

집합 B의 요소는 모두 집합 A의 요소로부터 사상 f에 의해서 비춘 것.

단사(중복이 없음)

집합 A의 하나의 요소에는 집합 B의 하나의 요소가 대응.

쌍사(1 대 1 대응)

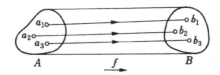

〈그림 1-3〉 사상, 전사, 단사, 쌍사

해답

우승팀이 결정되기 위해서는 1개 팀을 제외하고 다른 모든 팀이 지면
된다. 1개의 시합에서 1개 팀이 지기 때문에 시합수와 지는 팀의 수와의
사이에는 1대 1 대응이 성립한다. 즉 365-1=364이고

해답은 364시합.

유한집합의 '셈의 방법'은 이것으로 알았다. 그러면 무한집합, 즉
무한개의 요소를 갖는 집합을 '세는' 데에는 어떻게 하면 될 것인가?

사슴이 할 수 있으면 말도 할 수 있다

가장 자연적인 발상은 지금의 1대 1 대응의 사고를 그대로 사용
하는 것이다. 미나모토노 요시쓰네(源 義經, 역주: 헤이안(平安)시대
의 무장)의 유명한 일화에 이러한 이야기가 있다. 가파른 경사의 산
을 넘기에 앞서 요시쓰네는 그 고장의 사냥꾼에게 "이 산은 말로 넘
어갈 수 있는가?"라고 물었다. 사냥꾼이 "말은 모르겠으나 사슴이라
면 넘고 있다."라고 대답한 바, 요시쓰네는 "사슴이 끄떡없다면 말을
타고도 갈 수 있다"라고 말하고 산 넘기를 감행했다는 이야기이다.

사슴이 끄떡없다면 말로도 갈 수 있다. 이 결단이 요시쓰네의 승
리를 이끈 셈인데 사실은 칸토어도 무한을 세려고 하는 것을 시도했
을 때 이 '말, 사슴적(的)'인 뛰어난 결단을 갖고 그 일에 임하여 전
인미답(前人未踏)의 대사업에 착수할 수 있었던 것이다. 즉 유한집합
(사슴)이 1대 1 대응으로 셀 수 있다면 무한집합(말)도 1대 1 대응
으로 '셈을 할 수' 있을 것이다.

무한집합의 경우 그 요소의 '수'는 보통의 수와는 다르기 때문에
혼란을 피하기 위해서 '농도(濃度)'라고 부르기로 한다. 집합에 포함
되는 요소의 수, 말하자면 '밀도의 농도'라고 생각하면 알기 쉬울 것

물건을 세는 (자연수) N과의 1 대 1 대응

유한의 경우

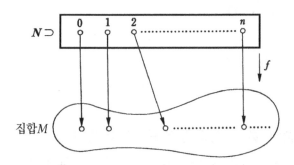

사상 *f*는 전단사. 집합 *M*의 농도(개수)는 $n+1$

무한의 경우

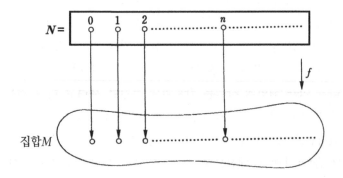

사상 *f*는 전단사. 집합 *M*의 농도는 $\aleph_0$(알레프 제로)

〈그림 1-4〉 1대 1 대응이 붙으면 유한이라도 무한이라도 셀 수 있다

이다.

무한의 농도의 기본으로 되는 것은 0, 1, 2, 3……으로 연속되는 자연수 전체의 집합—이것을 N으로 표시한다—의 농도이다. 이것을 0, 1, 2, 3……으로 '셀 수 있다'라는 의미에서 '가산농도(可算濃度)'라고 부르거나 '번호를 붙일 수 있다'라는 의미에서 '가부번호(可附番號) 농도'라고 부르거나 한다. 기호로는 히브리(Hebrew)어의 알파에 해당하는 문자 $\aleph$(알레프)에 '최초의' 무한농도라는 기분을 넣어 0을 붙여서 $\aleph_0$(알레프 제로라고 읽는다)로 표시한다.

1대 1 대응이 붙는 두 개의 집합은 '대등하다'라 말하고 그 경우 양자의 농도는 같다고 생각한다. 유한집합이면 농도란 상식적인 의미에서의 요소의 '개수' 바로 그것이기 때문에 확실히 1대 1 대응에 의해서 그 값은 보존된다. 무한집합에서도 마찬가지로 생각하려는 것이어서 이 발상은 '개수'의 개념의 자연적인 확장으로 되어 있다. 특히 자연수 전체의 집합과 대등한 집합의 농도는 $\aleph_0$이고 이러한 집합은 '가산(可算)집합'이라고 부른다.

2. 부분은 전체와 같다!?

'무한호텔'의 불가사의

무한을 세는 방법은 알았으나 이 방법으로 실제 무한을 세어 가면 일상적인 감각으로서는 도저히 믿어지지 않는 우스운 사태가 여러 가지 발생한다. 힐베르트의 작품이라고 전해지는 '무한호텔'의 비유로 그것을 설명해 보자.

1호실, 2호실……로 무한개의 객실을 가지는 호텔이 있고 만실(滿室)이 되어 있었다. 그런데 거기에 갑자기 숙박할 손님이 와서 "어

$$N : 0, \quad 1, \quad 2, \quad 3, \quad 4, \quad 5, \quad 6, \quad \cdots, \quad n, \quad \cdots$$
$$E : 0, \quad 2, \quad 4, \quad 6, \quad 8, \quad 10, \quad 12, \quad \cdots, \quad 2n, \quad \cdots$$

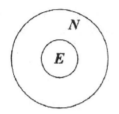

E는 N에 완전히 포함된다. 그러나
N과 E의 농도는 같다!

〈그림 1-5〉 자연수와 짝수와의 1대 1 대응

떻게든지 숙박할 수 있게 해 달라"고 지배인에게 울며 애원했다. 당신이 지배인이라면 당신은 이 손님에게 어떻게 대응하는가?

이것이 보통의, 즉 유한개의 객실 수밖에는 없는, 호텔이라면 아무리 부탁을 받아도 정중하게 거절할 수밖에는 없을 것이다. 그러나 무한호텔의 지배인은 대수롭지 않은 양으로 "물론 숙박하실 수 있습니다"라고 말했다는 것이다.

그래서 지배인이 한 일은 1호실 손님에게는 2호실로, 2호실 손님에게는 3호실로, 순차로 옆 번호의 객실로 옮겨 줄 것을 요청하는 것이었다. 그리고 빈 객실이 된 1호실에 새 손님을 안내했다는 이야기.

이러한 방법이라면 5명이든, 10명이든, 몇 사람의 새로운 손님이 와도 객실을 비워서 맞아들일 수 있다. 뿐더러 무한인(無限人)의 단체 손님이 와도 조금 연구는 필요하나 충분히 숙박용의 객실을 준비하는 것이 가능하다.

예컨대 1호실의 손님을 2호실로, 2호실의 손님을 4호실로……n호실의 손님을 2n호실로, 순차로 이동시키면 되는 것이다. 이 객실의 교환으로 홀수 번호의 객실이 모두 비게 되기 때문에 무한인의 단체 손님은 거기에 숙박하도록 하게 되는 것이다.

이 마지막 방법은 (양의) 자연수 전체의 집합 N^+과 (양의) 짝수 전체의 집합 E와의 사이에 1대 1 대응의 관계가 성립된다는 것을 의미하고 있다. 즉 양자는 대등하고 따라서 그들의 농도도 같게 되는 것이다.

그런 어처구니없는!

이것은 약간 이상한 이야기다. 짝수는 자연수의 일부에 지나지 않기 때문에 그 전체는 자연수 전체에 포함되고 따라서 짝수의 '개수'는 자연수 전체의 '개수'보다 '작은' 것이 당연하다고 생각되기 때문이다. 확실히 유한집합이라면 그렇게 말할 수 있다. 집합 B가 집합 A의 '진부분집합' 즉 A에 포함되고 동시에 A와 같지 않다면 B의 농도(요소의 개수)는 A의 농도보다 작게 되는 것이다. 예컨대 일본 전체의 인구는 세계전체의 인구보다 작고 이 책의 독자의 수는 거듭 작다. 이것이 상식이다.

그러나 무한집합에서는 이러한 '상식'이 통하지 않는 것을 지금의 예는 보여 주고 있다. 무한집합에서는 그 농도가 '부분은 전체와 같은' 경우가 일어날 수 있는 것이다. 앞에서의 예로서 말하면 만일 세계의 인구도 이 책의 독자수도 함께 무한이라면 이 책의 독자수와 세계의 인구가 '같다'고도 말할 수 있는 것이다. '그러한 논리가 어디 있어!'라고 말해도 이것이 정진정명(正眞正銘)의 논리(논리적 귀결)이기 때문에 달리 방법이 없다. '무한이란 그러한 것이다'라고 생각할 수밖에는 없을 것 이다.

사실은 이 성질 즉 '전체와 같은 농도를 갖는 진부분집합의 존재'가 무한집합의 두드러진 특징 부여의 하나로 되어 있다. 그래서 '전체는 부분의 합계와 같고 부분은 항상 전체보다 작다'라는 '상식'은 무한을 아직 셀 수 없었던 시대에는 옳았다고 해도 지금에 와서는 상황을 살펴보고 확인하지 않으면 통용되지 않는 '편견'으로 되어 버렸다.

다만 무턱대고 1대 1 대응을 붙이려고 생각해도 서투른 방법을 사용하면 실패하는 일도 있다. 예컨대 앞에서의 무한 호텔의 예로 말하면 앞의 손님을 차례대로 앞의 번호로 객실을 바꿔가는 것만으로는 무한개의 빈 객실을 준비할 수는 없다.

이와 같이 대응의 부여 방법 나름으로 무한의 계산은 성공하거나 실패하거나 한다. 이것도 유한집합에서는 생각할 수 없는 무한집합의 특징이다. 그래서 두 개의 집합 사이에 하나라도 1대 1 대응이 붙여질 수 있으면 양자는 대등하고 농도도 같다고 정한다. 따라서 무한을 세는 경우에는 어떻게 하면 1대 1 대응을 붙일 수 있는가가 궁리를 해야 할 경우가 된다.

역으로 1대 1 대응을 붙일 수 없을 것 같은 경우에는 어떻게 궁리를 해서라도 그러한 대응이 하나도 존재하지 않는 것을 증명하는 것이 필요하게 된다. 그 증명을 할 수 있으면 양자의 농도는 본질적으로 상이한, 따라서 무한에도 크고 작은 것이 있다는 것을 보여 주게 되는 것이다.

유리수 전체는 셀 수 있다!

무한의 대소(大小)의 이야기로 나아가기 전에 1대 1 대응의 궁리에서 생긴 놀랄 만한 발견에 대해서 두 가지 정도 소개해 두자.

하나는 유리수 전체의 농도에 대해서. 또 하나는 직선에 포함되는 점(点) 전체의 농도와 평면 또는 공간에 포함되는 점 전체의 농도의 대소의 비교에 대한 것이다(수학의 기호에 익숙지 못한 사람은 증명의 부분을 건너뛰어서 앞으로 진행하기 바란다. 증명의 부분은 프롤로그에서 언급해 둔 바와 같이 좌우의 선으로 둘러싸서 명시하고 있기 때문에 다음에 읽을 곳은 곧바로 알 수 있을 것이다).

먼저 유리수 전체의 집합의 농도에 대해서 조사해 보자. 우선 기호의 약속을 해 둔다. 「~」는 대등한 관계를 나타내는 기호, 또 집합의 위에 붙인 두 줄의 선 「=」은 집합의 농도를 나타내는 기호로서 칸토어가 사용하기 시작한 것이다. 유리수 전체의 집합은 관례에 따라 Q으로 나타낸다. 양의 부분만을 취한 그 부분집합이 Q^+이다.

유리수란 분수(分數)의 형태로 표기할 수 있는 수를 말한다. 다만 여기서는 간단하게 하기 위해 양의 유리수 전체의 집합 Q^+만을 문제로 한다. (양의) 자연수 n은 $\frac{n}{1}$로 쓸 수 있기 때문에 물론 양의 유리수의 일부이다. 즉

$$N^+ \subset Q^+ \text{ 그러므로 } \overline{\overline{N^+}} = \aleph_0 \leq Q+ \cdots\cdots ①$$

다음으로 m, n은 양의 자연수로서 그 모든 조(組)의 집합을 생각하여 이것을 M으로 한다.

M={(m, n)|m, n ∈ N^+}

M의 요소 (m, n)는 m을 분자, n을 분모로 봄으로써 유리수 $\frac{m}{n}$과 동일시할 수 있다. 이 경우 예컨대 (1, 2)와 (2, 4)는 M의 요소로서는 다르나 유리수로서는 같은 수가 되기 때문에 위의 동일시(同一視)에 있어서 M는 양의 유리수 Q^+를 포함한다고 볼 수 있다.

$Q^+ \subset$ M 그러므로 $\overline{\overline{Q^+}} \leqq \overline{\overline{M^+}}$ ……②

그러면 여기서 M과 N^+ 의 대응을 생각해 보자. 47페이지의 〈그림 1-6〉처럼 하면 M과 N^+ 와의 사이에는 명백히 1대 1 대응이 성립한다.

N^+~M 그러므로 , $\overline{\overline{N^+}} = \aleph_0 = \overline{\overline{M}}$ …… ③

그래서 ①, ②, ③에 의하여

$\overline{\overline{Q^+}} = \aleph_0$

를 보여 주었다.

(증명 끝)

이 증명으로 양의 유리수 전체의 집합의 농도는 양의 자연수 전체의 집합의 농도와 정확히 일치하는 것을 알았다. 전적으로 마찬가지로 해서 유리수 전체의 농도가 자연수 전체의 농도와 같다는 것도 쉽게 보여 줄 수 있다(사실은 단번에 증명하는 방법도 있고 오히려 그 편이 일반적이나 여기서는 직관적으로 더 보기 쉬운 증명을 선택하였다).

이러한 것은 곰곰이 생각해 보면 매우 불가사의한 사실을 의미하고 있다. 예컨대 자연수 1과 2의 사이에는 무한개의 유리수가 존재한다. 1과 2의 중점(中点), 그 점과 1과의 중점, 그 점과 1과의 중점……으로 계속해 가는 것만으로도 무한개의 유리수를 만들 수 있다.

같은 조작은 어느 정도 근접한 두 개의 유리수에 대해서도 가능하기 때문에 결국 유리수는 수직선(數直線)상에 빈틈없이 채워져 있

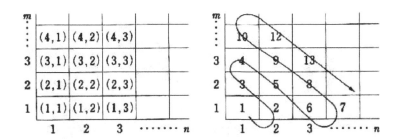

좌측의 표를 우측의 표의 화살표처럼 바꿔 배열하면 M과 N의 1대 1 대응이 얻어진다. 아래는 그 결과를 가리킨다.

$$N : \quad 1 \qquad 2 \qquad 3 \qquad 4 \qquad 5 \qquad 6$$
$$\updownarrow \qquad \updownarrow \qquad \updownarrow \qquad \updownarrow \qquad \updownarrow \qquad \updownarrow$$
$$M : \quad (1, 1) \quad (1, 2) \quad (2, 1) \quad (3, 1) \quad (2, 2) \quad (1, 3)$$

〈그림 1-6〉 두 수의 조와 자연수와의 1대 1 대응

는(조밀, 稠密) 것을 알게 된다. 그래도 역시 그 농도는 $\aleph_0$, 즉 '셀 수 있다'라는 것이니 놀랍기만 하다.

직선상의 점의 수와 평면상의 점의 수는 같다!?

1878년 칸토어는 한층 더 불가사의한 사실을 발견한다. 놀랍게도 직선상의 점 전체의 농도와 평면상의 점 전체의 농도가 같다는 것을 증명해 버린 것이다.

칸토어 자신 연구를 시작한 당초는 직선보다 평면 쪽이 보다 많은 점을 포함하고 있음에 틀림없다고 예측하고 있었다. 그것은 그럴 것이다. 아무튼 직선은 평면에 포함되고 무릇 직선과 평면에서는 차원이 다르기 때문에!

〈그림 1-7〉 증명한 나 자신에게도 믿어지지 않는 것이다!

칸토어는 다음 절에서 소개하는 직선의 점 전체의 집합의 농도에 대한 연구를 한 뒤 곧바로 이 직선과 평면과의 농도에 대한 비교 문제에 착수하고 있다. 그러나 잘못된 예상 때문에 3년의 세월이 헛되이 지나가고 1877년이 되어서 겨우 양자의 대등성을 알아차렸다.

그리고 그 결과를 외우(畏友) 데데킨트(Dedekind)에게 편지로 알렸으나 회신이 여간해서 오지 않는다. 데데킨트도 이 발견의 가공(可恐)할 내용을 통지받고 깜짝 놀라서 생각에 잠기고 있었던 것이다. 불안에 쫓긴 칸토어는 데데킨트에게 다시 편지를 내고 그 편지에서 이렇게 말하고 있다.

최근 귀형에게 알린 것은 나 자신에게도 너무나도 의외이고, 경애하는 귀형이 이다지도 오래 '확실히 그렇다'라고 회답을 주지 않기 때문에……내가 말할 수 있는 것은 단지 한마디, '나는 보았어도 나는 믿지 않는다!'

 최후의 한마디 등, 칸토어도 데데킨트도 독일 사람인데도 일부러 프랑스어로, Je le voie, mais je ne le crois pas! 라고 강조하고 있다.

 결국 이 증명은 옳았으나 이때 데데킨트가 추찰한 것처럼 연속적인, 즉 원활한 1대 1 대응을 만들 수는 없다. 점의 농도 자체는 같다고 해도 말하자면 점끼리의 연결방법이 직선과 평면에서는 상이하고 거기에 '차원(次元)'의 특질이 있었다고 하는 것이다.

 푸앵카레(Poincarg)는 직선과 평면과의 차이를 토폴로지(Topology, 위상기하학)적으로 특징지을 수 없는가라고 생각했다. 이 푸앵카레의 아이디어에 의거해서 '차원'의 엄밀한 정의를 내리는 것에 처음으로 성공한 것이 뒤에 언급하는 제4장의 또 한 사람의 주역인 직관주의의 제창자 브로웰이다. 그러나 그것은 칸토어가 '나는 보았어도 나는 믿지 않는다!'라고 한탄한 지 36년 후인 1913년의 일이었다.

 그러면 우리들도 이 경탄할 만한 사실을 증명해 두자.

 직선 즉 실수(實數)직선은 실수 전체의 집합R과 동일시할 수 있고 평면은 R을 두 개 배열한 (직적, 直積) R^2과 동일시할 수 있다. 보여 주고자 하는 것은 다음의 것이다.

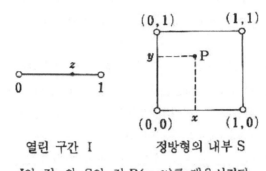

열린 구간 I　　　정방형의 내부 S

*I*의 점 *z*와 S의 점 *P*(*x, y*)를 대응시킨다.

〈그림 1-8〉 열린 구간과 정방형의 내부의 1대 1 대응

$R \sim R^2$

그러나 직선과 열린 구간(끝을 포함하지 않는 선분), 평면과 정방형의 내부의 대등성이 쉽게 표시되기 때문에 여기서는 간단하게 하기 위해 직선과 평면과의 대등성 대신에 열린 구간과 정방형의 내부와의 대등성을 증명한다(칸토어 자신의 증명법은 아니고 쾨니히가 고안한 직관적 방법에 따른다).

구간 I와 영역 S를 다음과 같이 잡는다.

I = (0, 1),

S = {(x, y)|0 < x, y < 1}

지금 S상의 점 P를 취하고 그 좌표를 (x, y)로 해서 x, y를 무한소수로 나타낸다. 다만 유한소수, 즉 어떤 소수자리 이하로 무한으로 0이 계속되는 경우는 그 0이 아닌 마지막 소수 자릿수에서 1을 빼서 이하에 9가 계속되는 무한소수로 고쳐 써둔다. 예컨대 이러하다.

0.25400000······ ⟶ 0.25399999······

이러한 결정 하에서 x, y가 다음과 같은 무한소수로 전개되었다고 하자.

$$x = 0.x_1\, x_2\, x_3 ······$$

$$y = 0.y_1\, y_2\, y_3 ······$$

이 x_i, y_i에는 0도 포함되어 있기 때문에 0에서 시작해서 0이 아닌 숫자가 나올 때까지를 하나의 묶음으로 해서—이것은 '분자'라 부른다—x, y를 다음과 같은 분자 표기로 고쳐 쓴다.

$$x = 0.\ a_1\, a_2\, a_3 ······$$

$$y = 0.\ b_1\, b_2\, b_3 ······$$

구체적으로 말하면 예컨대

$$x = 0.00102003450006······$$

이라는 수가 있을 때 구획을

$$x = 0./001/02/003/4/5/0006/······$$

으로 지어서 a_1=001, a_2=02, a_3=0.03, a_4=4, a_5=5, a_6=0006······이라는 수의 열(列)의 합침으로 보려고 하는 것이다.

다음으로 이 분자를 사용해서 새로운 수 z를 다음과 같이 해서 만든다.

$$z = a_1\, b_1\, a_2\, b_2\, a_3\, b_3 ······$$

가령 x가 앞에서 보여 준 수이고, y가

y = 0./9/8/07/006/5/04/……

라고 하면 z는 다음과 같이 된다.

z = 0.001902800307400655000604……

이와 같이 z는 일의적으로 즉 하나의 값으로 결정되나 z는 I 의 요소로 되어 있기 때문에 S로부터 I로의 사상을 정의(定義) 할 수 있었던 것이 된다. 더구나 역의 조작을 행하면 z로부터 (x,y)로의 사상도 정의할 수 있기 때문에 이 사상은 쌍사가 되고 1대 1 대응을 부여한다. 즉 I와 S는 대등하다는 것을 보여 준 것이다.(증명 끝)

덧붙여서 말하면 많은 일반 해설서에는 지금의 기호를 사용하면 x, y를 분자로 분할하지 않고

$$z = x_1 \, y_1 \, x_2 \, y_2 \, x_3 \, y_3 \cdots\cdots$$

의 대응을 만들면 된다고 설명되어 있다. 그러나 이 방법은 불편하다. 예컨대

z = 0.1110101010……　　　　……①

으로부터 y를 만들 때 분자로 분할하면

x = 0.11010……

y = 0.10101……

로 되나 분자로 나누지 않는 방법으로는

x = 0.11111……

$$y = 0.10000\cdots\cdots$$

로 되고 상의 표기는 규약에 위반되기 때문에 이것을

$$y = 0.09999\cdots\cdots$$

로 고쳐 쓰면 이번에는 z가

$$z = 0.1019191919\cdots\cdots \qquad\qquad \cdots\cdots ②$$

로 돼서 ①과 ②의 값이 어긋나 버린다.

분자를 취한다고 하는 일견 번거로운 방법으로 한 것도 분명히 그 이유가 있었던 것이다.

직선과 평면이 대등하다는 것의 증명법은 직선과 3차원 공간, 또는 더 고차원 공간과의 대등성의 증명에 자동적으로 확장할 수 있다 (이제까지의 증명을 더듬어 온 분들이면 바로 알 수 있는 것처럼 n차원 공간의 점 P의 n개의 좌표를 분자로 분할해 두고 그것들을 n을 주기(周期)로 해서 차례로 배열해서 만든 수 z와 대응시키면 이 대응이 n차원 공간과 직선과의 1대 1 대응을 부여하는 것이다).

이러한 것은 무엇을 의미하고 있는 것일까? 수학상의 결과와 물리적인 현실과를 혼동하는 것은 그다지 바람직스러운 태도라고는 말할 수 없으나 감히 이 법도를 깨고 상상력을 펼치는 것이 허용된다면 다음과 같은 이미지가 저절로 머리에 떠오른다.

우리들은 우주에서 보면 정말 자그마하고 하찮은 존재에 지나지 않는다. 그러나 우리들의 머리카락 한 가닥, 아니 갓난아기의 솜털 한 가닥 속에도 이 광대무변(廣大無邊)의 전 우주 공간에 존재하는 것과 같은 '수'만큼의 점이 포함되어 있다…… 라는 것이다.

공간적으로 보면 우주는 나를 하나의 점처럼 싸서 삼켜 버린다. 그러나 사고(思考)에 의해서 나는 우주를 싼다. (파스칼)

3. 미싱 링크(Missing Link)의 수수께끼(연속체 가설)

무리수는 유리수보다 훨씬 많이 있다?

우리들에게 가까운 수라고 하면 자연수, 정수(整數), 유리수, 그리고 실수(實數)일 것이다. 실수는 유리수와 무리수를 합친 수이고 연속된 하나의 수직선(數直線)으로 나타낼 수 있는 것으로부터 '연속체(連續休)'라고도 부르고 있다.

유리수는 이미 본 것처럼 이 수직선상의 도처에 있고—이 성질을 '조밀(稠密)'이라고 부른다—그럼에도 불구하고 가산집합, 즉 자연수와 마찬가지로 하나하나 셀 수 있는 무한농도 $\aleph_0$를 갖고 있었다. 한편 무리수는 유리수처럼 분수의 형태로 적을 수 없는 수를 말하는 것으로 소수전개(小數展開)를 하면 순환하지 않는 무한소수로 된다. 예컨대

$\sqrt{2}$ = 1.414213562…… (2의 제곱근)

π = 3.141592653…… (원주율)

등이 대표적인 무리수이다.

유리수는 얼마든지 마음대로 만들 수 있으나 무리수가 되면 그렇게는 되지 않는다. 어떤 수가 무리수인지 아닌지를 한눈으로 체크할 수 있는 편리한 방법은 유감스럽게도 존재하지 않기 때문이다. 그 때문에 우리들은 유리수에 비하면 '극히 약간'이라고 해도 좋을 정

도로 적은 숫자의 무리수밖에는 알지 못한다.

그래서 '무리수는 그렇게 많을 것 같지 않으니까 실수의 태반은 반드시 유리수임에 틀림없다. 그렇다면 실수도 가산집합으로 되어서 그 농도는 $\aleph_0$가 될 터이다'라고 하는 그럴듯한 예측이 생긴다. 그러나 정말 그러한 것일까?

칸토어가 1대 1 대응을 무기(武器)로 해서 무한집합의 계산을 개시한 이래 최초에 달성한 자명(自明)하지 않은 본질적인 성과가 이 '실수 전체의 집합은 가산(可算)인가?'라는 질문에 대한 대답이었다. 그리고 그 결과는 의외로 '아니다!'였던 것이다. 1874년의 일이다.

이렇게 해서 실수 전체는 자연수 전체와 대등하지 않다는 것을 보여 주었다. 즉 실수의 농도는 자연수의 농도 $\aleph_0$와 같게 되는 일은 있을 수 없고 참으로 컸던 것이다. 이러한 것이 가능하게 되기 위해서는 무리수 전체의 집합의 농도는 자연수 전체의 집합의 농도보다도 참으로 크지 않으면 안 된다. 우리들이 모르고 있을 뿐이지 무리수는 실제로는 유리수보다 훨씬 많이 존재하고 있었다는 것이다.

칸토어가 '대각선 논법'으로 증명

게다가 이러한 것을 칸토어는 후에 '대각선 논법'이라고 부르게 되는 참으로 교묘한 배리법(背理法: 반대의 가정을 해서 모순을 유도하는 증명법)을 사용해서 증명하였다(1874년의 논문에서는 '구간 축소법'이라고 부르는 방법으로 증명되었으나 칸토어는 1891년에 이 '대각선 논법'에 의한 별개의 증명을 발표하고 있다).

이 '대각선 논법'은 후술하는 '연속체 가설'의 큰 문제를 탄생시켰을 뿐만 아니라 그 후에도 칸토어의 18번이 되고 또한 그 원리는 다음 장에서 언급하는「러셀(Russel)의 패러독스」나 제 II부에서 소개하는 괴델의「불완전성 정리」의 증명에 있어서도 결정적인 역할을 수행하게 되었다.

  이하 칸토어의 증명을 구체적으로 보아 가기로 한다.
  실수 전체의 집합 R과 열린 구간 I=(0, 1)과의 대등성(對等性)은 다음 페이지의 〈그림 1-9〉로 명백하기 때문에 I와 N이 대등하지 않다는 것을 보여줄 수 있으면 충분하다. I의 각 점은 무한소수로 전개해 둔다.
  지금 「I와 N은 대등하다」라고 가정해 보자. 그러면 대등의 정의로부터 양자의 사이에는 1대 1 대응이 붙기 때문에 이것을 다음 페이지의 〈그림 1-10〉처럼 배열해서 숫자의 대응표(對應表)를 만들 수 있다.
  I 위의 모든 점에 1, 2, 3……으로 번호가 붙여지고 그들의 점 a_1, a_2, a_3……를 무한소수 전개했을 때의 소수자리의 문자 a_{ij}는 모두 0, 1, 2,……, 9의 어느 것인가 하나의 숫자를 나타내고 있다는 것이다.
  다음으로 이 표를 기초로 해서 새로운 숫자 β를 다음의 규칙으로 구성한다.

  $\beta = 0. b_1 b_2 b_3 \cdots\cdots b_n \cdots\cdots$

  $$b_n = \begin{cases} 7\,(0 \leq a_{nn} \leq 4\,\text{일 때}) \\ 2\,(5 \leq a_{nn} \leq 9\,\text{일 때}) \end{cases}$$

  즉 〈그림 1-10〉처럼 표의 '대각선'상에 위치하는 숫자 a_{11}, a_{22}, a_{33},……에 착안하고 a_n과는 소수점 이하 n자리에서 상이한($b_n \neq a_{nn}$)수를 만드는 것이다.

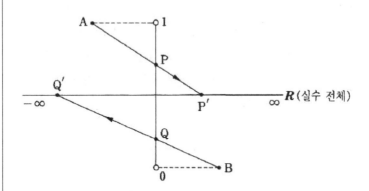

〈그림 1-9〉 열린 구간과 실수 전체의 1대 1 대응

$1 \longleftrightarrow \alpha_1 = \ 0. \quad a_{11} \quad a_{12} \quad a_{13} \quad a_{14} \quad a_{15} \quad \cdots \quad \cdots \quad \cdots$

$2 \longleftrightarrow \alpha_2 = \ 0. \quad a_{21} \quad a_{22} \quad a_{23} \quad a_{24} \quad a_{25} \quad \cdots \quad \cdots \quad \cdots$

$3 \longleftrightarrow \alpha_3 = \ 0. \quad a_{31} \quad a_{32} \quad a_{33} \quad a_{34} \quad a_{35} \quad \cdots \quad \cdots \quad \cdots$

$4 \longleftrightarrow \alpha_4 = \ 0. \quad a_{41} \quad a_{42} \quad a_{43} \quad a_{44} \quad a_{45} \quad \cdots \quad \cdots \quad \cdots$

$5 \longleftrightarrow \alpha_5 = \ 0. \quad a_{51} \quad a_{52} \quad a_{53} \quad a_{54} \quad a_{55}$

$\vdots \qquad \vdots \qquad \vdots \quad \vdots \quad \vdots \quad \vdots \quad \vdots \quad \vdots$

$\vdots \qquad \vdots \qquad \vdots \quad \vdots \quad \vdots \quad \vdots \quad \vdots \quad \vdots$

$\vdots \qquad \vdots \qquad \vdots \quad \vdots \quad \vdots \quad \vdots \quad \vdots \quad \vdots$

〈그림 1-10〉 열린 구간의 모든 점에 순번이 붙여진다면……

이 새로운 수 β는 소수자리에 모두 7이나 2밖에 나타나지 않기 때문에 β 그 자체가 0이나 1이 되는 일은 없고, 즉 구간 (선분)의 끝의 점으로 되는 일은 없고 따라서 I에 포함된다.

그러면 가정으로부터 β는 α_1, α_2, $\alpha_3 \cdots\cdots$의 어느 것과 반드시 일치할 것이기 때문에 잠정적으로 그것을 α_n이라고 한다.

즉 $\beta = \alpha_n$이고 이것은

$$b_1 = a_n, \ b_2 = a_{n2}, \ b_n = a_{nn}, \cdots\cdots$$

로 되는 것을 의미하나 $b_n = a_{nn}$의 구성법에 반하기 때문에 모순이다. 따라서 배리법에 의해서 최초의 가정이 부정되어 'I와 N은 대등하지 않다'는 것을 보여 준 것이 된다.

(증명 끝)

연속체 가설의 등장

무한집합의 농도에 대한 것을 '무한을 초월한 수'의 의미에서 '초한수(超限數)' 또는 '초한기수(超限基數)'라고도 부른다. 최초의, 그리고 최소의 초한수는 $\aleph_0$였으나 여기에 실수 전체의 집합 즉 '연속체의 농도'라고 하는 $\aleph_0$보다 더 큰 새로운 초한수의 존재를 보여 준 셈이다. 이 연속체 농도를 칸토어는 첨자(添字)없이 단적으로 $\aleph$로 표기하였다. $\aleph_0$와 $\aleph$와의 관계는 다음과 같이 된다.

$$\overline{\overline{N}} = \aleph_0, \ \overline{\overline{R}} = \aleph_0, \ \aleph_0 < \aleph$$

이것으로 $\aleph$는 $\aleph_0$보다 크다. 즉 실수의 점의 "수" 쪽이 자연수나 유리수의 점의 '수'보다도 크다는 것을 알았다. 그러면 $\aleph$는 $\aleph_0$의

$$A = \{a_1, a_2, a_3\}$$
$$2^A = \{\phi, \{a_1\}, \{a_2\}, \{a_3\},$$
$$\{a_1, a_2\}, \{a_2, a_3\}, \{a_3, a_1\}, \{a_1, a_2, a_3\}\}$$

	ϕ	$\{a_1\}$	$\{a_2\}$	$\{a_3\}$	$\{a_1, a_2\}$	$\{a_2, a_3\}$	$\{a_3, a_1\}$	$\{a_1, a_2, a_3\}$
a_1	×	○	×	×	○	×	○	○
a_2	×	×	○	×	○	○	×	○
a_3	×	×	×	○	×	○	○	○

(○은 집합에 포함된다, ×는 포함되지 않는다는 것을 가리킨다)

〈그림 1-11〉 멱집합을 만드는 방법과 개수

'다음으로' 큰 농도라고 말할 수 있을까? 바꿔 말하면 $\aleph_0$와 $\aleph$의 사이에 중간의 크기를 갖는 농도는 존재하지 않는 것일까? 만일 가령 그러한 '미싱 링크'에 해당하는 농도가 있었다고 하면 그러한 농도를 갖는 집합이란 과연 어떠한 것일까?

1878년 칸토어는 그러한 농도는 존재하지 않는다. 즉 「$\aleph_0$와 $\aleph$의 중간의 농도를 갖는 집합은 존재하지 않는다」라는 예상을 발표하였다. 이 예상이 「연속체 가설」의 오리지널 판(版) 바로 그것이다.

이것은 일견 쉬운 것같이 보이나 실은 매우 어렵고 동시에 보편적인 문제라는 것을 차츰 알게 된다. 그러한 고찰 중에서 일반화된 연속체가 설의 신판(新版, New Version)으로의 길을 개척한 것도 칸토어이다.

연속체 농도와 가산 농도와를 비교한 앞에서의 대각선 논법의 증명을 되돌아보자. 거기서는 10진법 전개를 사용했으나 대신에 2진법 전개로 모든 실수를 표시해 두어도 전혀 상관없다. 길고 번잡한 느낌도 드나 어차피 상대편은 무한히 계속되는 수열(數列)이기 때문에 '길이' 그 자체에 변화는 생기지 않는다.

2진법으로 예컨대 소수점 이하 5자릿수의 수를 만들려고 하면 각

자릿수에 들어가는 숫자는 0이나 1의 두 가지 경우를 생각할 수 있기 때문에 그 총수는 $2^5=32$개로 된다. n자릿수면 2^n개이다.

그래서 2진법으로 무한소수 전개할 수 있는 수를 생각해 보면 자릿수가 $\aleph_0$만큼 있기 때문에 그 총수는 지금의 예에 따라서 형식적으로 $2^{\aleph_0}$라고 적을 수 있는 것이 아닌가라는 착상이 나온다. 또 이와 같이 표기된 수의 전체에는 구간 (0, 1) 위의 모든 점이 포함되기 때문에 $2^{\aleph_0}$는 $\aleph$와 같은 것이 아닌가 생각하는 것은 극히 자연스런 발상이라고 말할 수 있다.

그래서 지금은 아직 형식적인 기호에 불과한 $2^{\aleph_0}$에 정확한 의미를 부여하는 것이 다음의 과제가 된다. 여기서도 간단한 유한집합의 예를 실마리로 해서 그 확장을 생각해 가도록 하자.

지금 a_1, a_2, a_3라고 하는 3개의 요소로 구성되는 유한집합 A가 있다고 하자.

$$A = \{a_1, a_2, a_3\}$$

이 A의 요소를 사용해서 부분집합을 만들고 모든 부분집합으로 구성되는 집합―이것은 집합의 집합, 집합을 요소로 해서 갖는 집합이 되나―을 생각한다. 이때 새로 만든 집합의 요소의 총수는 A자신과 공(空)집합 φ(파이)까지 포함시켜 생각하면 8개가 된다.

이것은 견해를 바꾸면 다음과 같이 생각할 수 있다. 어떤 부분집합에는 a_1이 포함되든가 포함되지 않든가 두 가지 가능성이 있다. a_2, a_3에 대해서도 마찬가지다. 그래서 이들 모든 경우의 수는 $2 \times 2 \times 2$, 즉 $2^3=8$이 된다(그림 1-11 참조).

먹집합의 농도는 원래의 집합의 농도보다 크다

그래서 이 아이디어를 무한집합을 포함하는 일반의 집합에까지 확장하도록 하자. 집합 A의 모든 부분집합으로 구성되는 집합을 2^A 멱집합'이라 부르고 2^A로 표기하는 것으로 한다. 이때 2^A의 농도를 $2^{\overline{\overline{A}}}$로 쓰도록 한다. 즉 멱집합과 그 농도의 정의식(定義式)은 이렇다.

$$2^A = \{X \mid X \subset A\}, \quad 2^{\overline{\overline{A}}} = \overline{\overline{2^A}}$$

식을 읽는 방법에 대해서 주의할 것. 최초의 식은 멱집합 2^A의 정의식이다. '집합 2^A는 X를 요소로 갖는 집합이고 X는 A의 임의의 부분집합'이라고 읽는다. X는 A의 부분집합이면 무엇이라도 좋기 때문에 이것은 '2^A는 A의 모든 부분집합으로 구성되는 집합'과 같은 의미가 된다.

위의 식에서 2^A는 집합을, $2^{\overline{\overline{A}}}$는 '수'(농도)를 나타내고 있다. 기호가 비슷하여 헷갈리기 쉽기 때문에 주의하기 바란다.

유한집합이라면 이 정의는 분명히 이치에 맞는다. 예컨대 A가 n개의 요소로 구성되는 집합이라면

$$\overline{\overline{A}} = n, \quad 2^{\overline{\overline{A}}} = 2^n$$

로 되기 때문이다. 중요한 것은 이 경우 멱집합의 농도(요소의 개수)가 원래의 집합의 농도(요소의 개수)보다도 참으로 크게 된다는 점이다. 즉 지금의 예로 말하면

$$\overline{\overline{A}} = n < 2^n = 2^{\overline{\overline{A}}}$$

그리고 이러한 것은 사실은 무한집합에 대해서도 올바른 결과인 것이다. 칸토어가 재차 대각선 논법의 아이디어를 잘 사용해서 이 사실을 증명한 것은 1890년의 일이었다.

「임의의 집합 A의 멱집합 2^A의 농도는 A의 농도보다도 참으로 크다.

즉 $\overline{\overline{A}} < \overline{\overline{2^A}}$ (칸토어)

증명 지금 가령 A와 2^A가 내등하다고 가정한다. 이때 A로부터 2^A로의 쌍사(1대 1 대응) f가 적어도 하나는 존재한다. A의 각 요소 a에 대응하는 f(a)는 f의 정의로부터 A의 부분집합의 하나니까 A의 요소 a는 집합 f(a)에 포함되거나 포함되지 않거나의 어느 것인가이다. 후자 즉 A의 요소 a로 집합 f(a)에 포함되지 않는 것 모두로 이루어진 집합을 B로 한다.

B = {a|a∈A, a∉f(a)}

B는 A의 부분집합이기 때문에 2^A의 요소이고 f가 쌍사라는 것으로부터 B에 대응하는 A의 요소가 하나만 존재한다. 이것을 b라고 하면

b ∈ A, f(b) = B

그러면 만일 여기서 b가 B에 포함된다면 B의 정의로부터

b ∉ f(b) = B

로 되어서 모순이 된다. 역으로 만일 b가 B에 포함되지 않으면, 즉

b ∉ B = f(b)

이면 다시 B의 정의에 의해서 b는 B에 포함되어 모순이 된다.

어느 경우에도 모순이 생기기 때문에 배리법에 의해서 이러한 쌍사 f는 존재하지 않는다.

(증명 끝)

'무한사다리'의 수수께끼

이 정리에 의해서 우리들은 $\aleph_0$부터 출발해서 정말 크기가 상이한 농도가 무한으로 계속되는 계열을 만들 수 있다.

$$\aleph_0 < 2^{\aleph_0} < 2^{2^{\aleph_0}} < \cdots\cdots ①$$

이와 같이 생각해 가면 무한에도 또 끝없이 증대해 가는 무한의 계열이 존재하고 있는 것을 알게 된다. 끝없이 거대한 무한으로 끝없이 흘러가는 소위 '천국으로의 무한사다리'다.

그러나 하나의 무한사다리가 만들어졌다고 해서 이 사다리에 모두 층층대가 붙어 있다는 보증은 어디에도 없다. 어쩌면 이 사다리는 도중의 층층대를 잊고 붙이지 않는 '날림'사다리인지도 모른다. 이것으로는 안심하고 천국으로 올라갈 수는 없다.

칸토어는 층층대가 모두 갖춰진 이상적인 무한사다리(초한수의 전계열)를 고안하여 그것을 $\aleph$에 0, 1, 2, 3…… 이라는 첨자(添字)를 붙여서 다음과 같은 기호로 표기했다.

$$\aleph_0 < \aleph_1 < \aleph_2 < \cdots\cdots ②$$

그래서 문제는 ①과 ②와가 과연 같게 되는지 어떤지 하는 것이다. 최초의 1스텝을 보면 $2^{\aleph_0}$가 연속체(실수)의 농도 $\aleph$와 같게 되는 것은 이미 본 대로이기 때문에 만일 ①과 ②가 동일하다면 다음의 관계식이 성립하여야 할 것이다.

「$\aleph = \aleph_1$ 또는 $2^{\aleph_0} = \aleph_1$」

이것은 바꿔 말하면 $\aleph_0$와 $2^{\aleph_0}$와의 사이에는 중간의 농도가 존재하지 않는 것을 의미하고 있다. 즉 앞에서 말한 「연속체 가설」의 오리지널 판(60페이지)이 이러한 간결한 관계식으로 표현된 셈이다.

여기서 $2^{\aleph_0}$와 $\aleph_1$의 0과 1의 첨자의 관계를 일반의 n과 n+1로 바꿔 놓으면 다음과 같은 소위 「일반 연속체 가설」이 나온다.

「$2^{\aleph_0} = \aleph_{n+1}$?」

이 식은「$\aleph_n$의 다음으로 큰 농도 $\aleph_{n+1}$은 $2^{\aleph_0}$과 같게 되는가?」라는 의미인데 바꿔 말하면 「$\aleph_n$과 $2^{\aleph_0}$과의 사이에 중간적인 농도가 존재하는가?」라는 질문과 동일한 것이다.

따라서 만일 이 가설을 증명할 수 있다면 ①과 ②는 동일하게 되고 천국으로의 무한 사다리는 우리들이 잘 알고 있는 $\aleph_0$로부터 순차로 구성해 갈 수 있는 매우 명료한 것으로 된다.

제1급의 미해결 문제

이 「일반 연속체 가설」은 1900년에 파리에서 개최된 국제수학자 회의에서 힐베르트가 행한 역사적인 강연에서도 화제로 채택되어 일약 유명하게 되었다. 이 강연은 「수학의 여러 문제」라고 제목이 붙여지고 그 안에서 힐베르트는 20세기의 수학의 발전에 있어서 가장 중요한 미해결 문제를 23개 제시하였고 그 첫 번째로 이 「일반 연속체 가설」의 문제를 내건 것이다.

한편 칸토어는 1884년의 봄쯤부터 정신병을 앓기 시작하여 병원의 입원과 퇴원을 되풀이하다가 1918년에 정신병원에서 73세의 생애를 끝냈다. 일설에 따르면 연속체 가설에 대한 너무나도 집요한

〈그림 1-12〉 "여러분! 이것을 풀 수 있을까?"

몰두와 그것이 언제까지도 증명될 수 없다는 것에 대한 마음 아픔이
정신병의 진행을 촉진시킨 하나의 요인이었는지도 모른다고 일컬어
지고 있다.

칸토어의 죽음으로부터 20년 후 괴델은 칸토어가 왜 이 연속체
가설의 증명에 성공할 수 없었는가를 밝히게 되는데 그 결말은 이
책의 마지막까지 기다려 주기 바란다.

2. 집합이란 무엇인가?

1. 칸토어와 수학의 혁명

수학사의 흐름으로부터 보면 괴델은 대충 말해서 칸토어로부터 힐베르트의 라인상에 등장한다. 도식적(圖式的)으로 적으면 이렇다.

칸토어 → 힐베르트 → 괴델

실제 칸토어의 집합론과 힐베르트의 프로그램(후술)이 없었다고 하면 천재 괴델도 어쩌면 병적으로 신경질적인 한낱 괴짜로 끝났는지도 모른다. 역사라는 것은 한결같이 그러한 것이다.

칸토어가 창시(創始)하고 혼자 힘으로 전개한 집합론의 대강의 줄거리에 대해서는 초월수(超越數)와 순서수(順序數)에 대한 화제(話題)를 제외하고는 번거로움을 마다하지 않고 대충의 내용을 앞의 장에서 봐왔다. 그이가 '발견'한 여러 가지 사실은 지금은 당연한 것처럼 생각되고 있을망정 당시로서는 경천동지(驚天動地)의 대사건이었다.

그래서 여기서는 칸토어와 그 주변 인물에 대한 인간 드라마를 흥미진진한 에피소드를 섞어서 소개하면서 「수학의 위기」 도래 전야(全夜)의 상황을 재현시켜 두고자 생각한다.

복받은 출발

게오르크 칸토어는 1845년 3월 3일 유복한 상인의 장남으로서 러시아의 상트페테르부르크에서 태어났다. 양친 모두 유태계 덴마크 사람이다. 11세 때 상트페테르부르크를 떠나 독일을 전전하다 17세 때 수학에 눈떠서 스위스의 취리히 대학에 입학, 다음해 부친의 죽

음으로 독일로 되돌아와 베를린 대학
에서 수학, 물리학, 철학을 공부했다.

당시의 베를린 대학에는 수학계의
대가 크로네커(Kronecker)나 바이어
슈트라스(Weierstrass)가 있었고 칸
토어는 그들의 지식을 배워서 베를린
대학에서 학위를 받았다.

졸업 후에는 한때 베를린의 여학교
에서 교직에 봉사한 후 1869년부터
할례대학으로 옮겨 개인강사, 조교수
를 거쳐 1879년부터 정교수가 됐다.

〈그림 2-1〉게오르크 칸토어
(Georg Cantor)

칸토어가 점의 집합에 주목하게 되는—거기서부터 집합론이 생기
는 것이나—계기를 만든 것은 크로네커의 시사(示唆)에 따른 바가
컸다고 전해지고 있다. 당초 칸토어는 「삼각급수(三角級數)의 일의성
(一意性)문제」라고 불리는 어려운 문제에 몰두하고 있었던 것인데 그
때의 은사 크로네커의 한마디가 칸토어로 하여금 유한개와 무한개의
점에 대한 본질적인 차이에 눈을 뜨게 했다는 것이다.

스승 크로네커의 '괴롭힘'

이것은 얄궂은 일이다. 그럴만한 것도 그로부터 얼마 되지 않아서
칸토어가 집합론에 대한 최초의 논문을 완성하여 수학상의 혁명의
첫걸음을 내딛었을 때 그것에 가장 강하게 반발한 것이 크로네커였
기 때문이다. 크로네커는 당시 베를린에서 발간되고 있던 권위 있는
수학전문지 『클레레』에도 강한 영향력을 갖고 있었기 때문에 칸토어
의 논문은 게재 거부(揭載拒否)를 당하게 된다.

그 뒤에도 크로네커의 집합론에 대한 증오(憎惡)는 높아지기만 하

고 없어지지 않아 칸토어가 평생 바랐던 베를린 대학의 취직도 결국
은 크로네커의 방해 때문에 실현될 수 없었다.

물론 이러한 '괴롭힘'의 증거가 정확히 남아 있는 것은 아니다.
그러나 이러한 사실은 누구라도 아는 바였던 것 같다. 힐베르트의
'죽마고우'이고 아인슈타인과도 관계가 깊었던 천재기질의 수학자
민코프스키(Minkowski)는 '한사람의 성망(聲望) 높은 수학자로부터
나온 반대 때문에 칸토어로부터 학문연구의 기쁨을 빼앗아 버린다는
것은 참으로 개탄스러운 일이다'라고 써서 은근히 크로네커의 '괴롭
힘'을 비난하고 있다.

자연수 이외의 수는 모두 위조품이다!

레오폴트 크로네커(1823~1891) 자신은 정수론(整數論)의 분야에
서 위대한 업적을 남긴 인물이다. 독일의 정수론은 가우스(Gauss)의
전통을 계승하여 세계에서 으뜸가는 것이었으나 대 수학자 가우스부
터가 무한을 하나의 실체(實體)로서 취급하는 것을 아주 몹시 싫어
한 사람이었다. 1831년의 날짜가 적힌, 슈마하에게 보낸 편지의 한
구절에 가우스가 갖고 있던 무한에 대한 견해를 분명히 보여 주고
있다.

나는 무한을 하나의 완결된 양(量)으로서 사용하는 것을 반대합니다. 그
러한 것을 사용하는 것은 수학에서는 결코 허용되지 않습니다. 무한이라고
하는 것은 끝없이 증대될 수 있는 것에 대해서 이야기하기 위한 말의 표현
상의 기교(技巧)에 지나지 않는 것입니다.

만일 가우스가 살아 있던 시대에 칸토어의 집합론이 나타나 있었
다면 비(非)유클리드기하학의 발견과 볼리아이(Bolyai) 부자나 로바

체프스키(Lobachevskii)의 경우가 그러했듯이 칸토어도 가우스로부터 묵살되어 있었는지도 모른다.

크로네커는 가우스 이상의 '정수론 광'이어서 독특한 자연수 신앙을 갖고 있었다.

> 나의 사랑하는 신은 자연수를 창조해 주셨다. 그 이외의 수는 모두 인간이 위조한 것이다.

라고 말해 자연수를 편애(偏愛)한 것이다. 이러한 이야기도 남아 있다. 린데만이 고래(古來)로부터 알려져 있던 무리수인 원주율 π(파이)의 초월성(정계수(整係數) 방정식의 풀이로 될 수 없다는 특징 부여)을 증명했을 때 그 뉴스를 주위 사람으로부터 들은 크로네커는 태연스럽게 이렇게 말을 내뱉었다고 한다.

> 그러한 증명에 무슨 값어치가 있다고 하는 거야. 원래 π 따위의 수는 존재하지 않는다고 하는데…….

칸토어가 잇달아 무한집합론의 성과를 발표하고 있던 1887년에 크로네커는 자신의 생각을 체계화한 저서 『수의 개념에 대해서』를 간행한다. 이 책에서 그는 자연수열 1, 2, 3……부터 출발해서 음수(陰數), 유리수를 구성하는 등, 모든 수학적 대상을 자연수로 환원시키는 사상(思想)을 전개하고 있다. 이것이 뒤에서 말하는 '산술화(算術化)'—'산술'이란 자연수론(自然數論), 즉 자연수의 덧셈과 곱셈에 대한 바로 그것이다—의 시초이다. 그리고 또다시 얄궂은 일은 어떤 의미에서 칸토어 이론의 궁극적인 완성자라고도 해야 할 괴델로 하여금「불완전성 정리」에 대한 증명의 성공으로 이끈 열쇠야말로 이 산술화에 있었던 것이다.

크로네커의 방해 때문에 『클레레』지(誌)로부터 게재를 거부당했던 칸토어의 집합론의 최초의 논문은 데데킨트의 진력(盡力)에 의해서 1874년에 공표되었다. 칸토어가 29세 때이다.

외우 데데킨트와의 만남

칸토어가 데데킨트와 서로 알게 된 것은 1872년의 일이다. 그 이전에 자기 자신, 수학적 대상을 통합된 하나의 '물건의 집합'으로서 파악하는 견해에 도달하고 있었던 데데킨트는 칸토어와 완전히 의기투합(意氣投合)하여 두 사람은 그 후 빈번히 편지 왕래를 계속하게 된다.

칸토어와 데데킨트와의 관계에 대해서는 수학자인 구라다 레이지로(倉田令二朗) 씨가 재미있는 평가를 하고 있기 때문에 그 부분을 인용해 둔다.

연장(年長)이기도 하고 또 수학의 분야 전체로서 말하면 센스에 있어서도, 지적(知的) 수준에 있어서도 데데킨트 쪽이 우수하고 칸토어는 항상 전례 없는 과격한 증명을 데데킨트에게 내던지고 그 승인을 얻어야 비로소 안심한다는 식이었다. 데데킨트는 때로는 잘못을 지적하고 의견을 진술하며 충고를 하고 온화하게 칸토어의 광란(狂亂)의 모습을 지켜보며 『칸토어의 집합론』의 입회인 역할을 했다.

이러한 까닭으로 데데킨트가 집합론에 대해서 거대한 기여를 했음에도 불구하고 칸토어의 일종의 이상한 엄청난 박력에 의해서 사람들은 오늘날에도 '집합론은 칸토어의 천재에 의해서 창조되었다'라고 말하는 것이다.

〈그림 2-2〉 데데킨트의 이해와 원조가 있었기에……

리하르트 데데킨트(1831~1916)는 가우스가 태어난 곳이기도 한 독일의 브라운슈바이크에서 태어났다. 부친은 법률학자였으나 모친에 대해서는 아무런 기록도 남겨져 있는 것 같지 않다.

데데킨트가 수학에 뜻을 둔 것은 칸토어와 마찬가지로 역시 17세 때이고 1850년에 괴팅겐 대학에 입학해서 늙은 가우스의 가르침을 받았다.

수학의 분야에서는 현대 수학의 사상을 앞서 세우는 등 여러 가지 독창적이고 우수한 업적을 남기고 있으나 생활인으로서는 매우 평범한 일상생활이었던 것 같다. 평생 결혼하지 않고 수학의 연구에 정열을 불태워 『붉은 머리털의 안느(Anne of Green Gables)』에 등장하는 마슈와 마리라처럼 여동생과 둘이서 지냈다. 그리고 여동생이 1914년에 죽자 여동생을 뒤쫓듯이 2년 후에 이 세상을 떠난다. 칸토어가 죽기 2년 전인 1916년 2월 12일의 일이었다.

수학의 본질은 그 자유성에 있다!

데데킨트처럼 잘 이해해 주는 사람도 있었으나 본국 독일에서의 집합론에 대한 평가는 불안정이 극한에 이르고 크로네커를 필두로 대다수의 수학자가 칸토어의 집합론에 비판적이었다고 한다. 칸토어가 데데킨트에게 보낸 편지 속에 적은 다음의 유명한 말은 그래서 단순한 허울 좋은 말이 아니고 몰이해하고 완미한 당시의 수학계의 풍조에 대한 전투 선언이기도 하였던 것이다.

"수학의 본질은 그 자유성에 있다!"

그러나 국외를 보면 스웨덴의 미타크 레플러나 프랑스의 에르미트처럼 열렬한 칸토어 지지자가 없었던 것도 아니었다. 그 때문에 칸토어의 논문의 대부분은 미타크 레플러가 주최하는 수학 잡지 『악터 마테마티카 〔수학강요(綱要)〕』에 발표되어 있다.

이 미타크 레플러라고 하는 수학자는 알프레드 노벨과 같은 시대에 산 스웨덴 사람이다. 그런데 왜 그런지 두 사람 사이는 험악해서 노벨이 노벨상을 창설했을 때 굳이 수학 부분을 배제시킨 것은 그가 스웨덴 수학계의 리더였던 미타크 레플러를 싫어하고 있었기 때문이라는 설도 있다. 만일 두 사람이 사이가 좋아서 노벨상이 수학 부분을 병설하고 있었다면 첫 번째의 노벨 수학상은 칸토어가 수상하고 있었는지도 모른다.

병든 영혼과 닥쳐오는 「수학의 위기」

앞장에서도 언급한 것처럼 칸토어의 정신 상태는 40세를 맞이하는 1884년경부터 이상하게 되어 대학과 정신병원과를 왕복하는 생활이 시작된다. 선천적인 체질도 있었겠으나 사면초가(四面楚歌)의 상황 속에서 전인미답의 작업을 성취해 가기 위해서는 역시 극도의 긴장을 강요당했을 것이다. 그러한 생활이 길어진 것이 마음의 건강에는 좋지 않았을는지도 모른다.

이제키 기요시(井關淸志) 씨는 '산술화할 수 없는 것을 모두 배척한다고 하는 매우 극단적인 입장을 취해 집합론과 칸토어를 누구도 개입할 수 없을 정도로 공격했다'. 이 '광기어린 크로네커'가 아니고 칸토어 쪽이 정신병원에 입원한 것이기 때문에 '참으로 얄궂은 결과'였다고 말하고 있다. 또 진위(眞僞)의 정도는 잘 알 수 없으나 '칸토어는 정신적 이상 상태가 된 뒤에 머리가 잘 돌아가서 수학상의 업적을 올렸다'고 한다.

무한에 대한 태도를 고대로부터의 철학자들, 플라톤, 아리스토텔레스, 아우구스티누스, 니콜라우스 쿠자누스, 토마스 아퀴나스와 견주어 대비(對比)하여 자연 속에서도 관념 속에서도 실재(實在)로서의 무한 그 자체를 올바르게 파악한 것은 자신이 최초라고 이야기한 칸토어는 1918년 1월 6일 할례의 정신병원에서 이 세상을 떠났다.

마침 한창 칸토어의 집합론에서 생긴 패러독스를 계기로 일어난 「수학의 위기」를 회피해야 할 세계의 수학자나 논리학자들이 여러 파로 갈려서 백가쟁명(百家爭鳴)의 논쟁을 펼쳐 보이던 중의 일이었다. 천국으로 무한히 계속되는 사다리를 한 걸음씩 올라가면서 죽은 칸토어는 인간 세계의 떠들썩함을 어떻게 보았을 것인가?

2. '러셀의 패러독스'가 집합론을 뒤흔들다

집합이란 모아 합친 것이다?

우리들은 이제까지 '집합'이라는 말을 설명 없이 사용해 왔다. 너무 신경질적으로 되지 않고 '집합이란 물건의 모임을 말하는 것이다'라는 '상식'에 의존해서 이야기를 진행시켜 온 셈이다.

이 수법의 정의나 말의 해석은 의외로 널리 세간에 유포되어 있다. '망각이란 잊어버려 가는 것이다'의 명문구와 같아서 일종의 동어반복(同語反復)이다. 동어반복은 논리학에서는 '토톨로지(Tautology)'라든가 '항진명제(恒眞命題)'라 부르고, 문제로 되어 있는 것의 내용이 어떤 것이든 그 명제는 항상 성립된다.

'집합이란 무엇인가'라는 질문을 받고 '집합이란 모아 합친 것이다'라고 대답한다면 '아, 얼마나 현명하고 박식한 인물일까!'라고 감탄하게 된다는 심산이다. 하지만 '돌고래란 무엇인가'라는 질문에까지 '돌고래란 바다의 돼지다'라고 대답하다가는 차가운 눈으로 바라보고 돌팔매질을 당하는 것이 당연하지만…….

칸토어와 데데킨트는 집합을 이렇게 생각하였다

칸토어 자신 그토록 괴상한 인물이었음에도 불구하고 집합 그 자체에 대해서는 다음과 같은 '상식적'인 정의밖에는 내리고 있지 않다.

집합이란 우리들의 직관(直觀) 또는 사고에 있어서의 명확하고 동시에 서로 잘 구별된 복수(複數)의 대상 m을 하나의 전체로 통합한 M에 대한 것이고 이때 m을 M의 요소라고 부른다.

참으로 대범하고 목가적(牧歌的)인 여운(餘韻)조차 느끼게 하는 정의다. 1888년에 간행된 데데킨트의 『수란 무엇인가, 무엇이어야 하나』에서는 모두(冒頭)에 다음과 같은 정의가 실려 있다.

이하에 언급하는 '사물(事物)'이란 우리들의 사고의 대상이 되는 것이라면 무엇이든 좋다는 의미이다. 사물에 대해서 이야기가 잘 진행되도록 이것을 기호, 예컨대 알파벳의 문자로 표시해서 간결하게 사물 a라든가 단순히 a라든가라고 말하기로 한다. 이것은 사실은 a에 의해서 표시되는 사물이라는 의미이지 문자 a 자체에 대한 것은 아니다. 상이한 사물 a, b, c······를 무언가의 이유에 따라서 하나의 공통된 견지에서 파악하여 머릿속에서 총괄한다는 일이 흔히 일어나게 된다. 이때 이들의 사물은 '집합' S를 만든다고 말한다.

유한집합을 상대로 하고 있는 한 당장은 이 정도의 정의로도 전혀 지장이 없다. 그러나 무한집합이 되다 보면 이야기는 달라져 버린다. 무한집합의 요소는 과연 '명확하고 동시에 서로 잘 구별된' 대상이라고 말할 수 있을까? 예컨대 실수 전체의 집합의 멱집합이라든가(실수의 부분집합 모두의 집합), 또 멱집합(실수의 부분집합 모두로 이루어지는 집합의 부분집합 모두의 집합) 등의 요소를 당신은 '명확하고 동시에 서로 잘 구별된' 대상으로서 구체적으로 상상할 수 있는가?

"나는 생각한다, 그러므로 무한집합은 존재한다!"

데데킨트는 사고의 세계야말로 무한집합의 전형적인 실례(實例)이고 따라서 무한집합은 확실히 존재한다고 주장하였다. '나는 생각한다, 그러므로 무한집합은 존재한다'이다. 그 '증명'은 기발(奇拔)해서 그는 '전체와 대등한 부분집합을 갖는다'고 하는 무한집합의 특징 부여에 착안하게 된다.

'나의 사고의 세계'의 요소의 하나를 A라고 하자. 그러면 'A는 나의 사고이다'라는 것도 하나의 나의 사고로 되기 때문에 따라서 '나의 사고의 세계'에 속한다. 이 대응에 의해서 '나의 사고의 세계'는 자기 자신의 진부분집합과 1대 1 대응이 붙어 대등하게 된다. 그러므로 '나의 사고의 세계는 무한집합이다'라는 것이다.

이러한 이야기를 읽고 있으면 개집에서 엎드려 자고 있는 개 앞에 웅크리고 앉아 그 개의 "존재증명"에 부심하고 있는 철학자의 이미지가 떠오른다. 참으로 흐뭇한 광경이 아니겠는가.

그러나 만일 그 개가 바이오테크놀로지의 실험대상 동물이었다면 어떠할까? 어느 날 재차 이 철학자가 개집을 찾아와 보니 확실히 원래의 개인네도 고양이로 되어 있다는 시나리오를 생각 못할 것도 없다. 무제한의 바이오테크놀로지의 응용에는 그러한 "악마의 기술"을 실현 가능케 하는 잠재적인 위험성이 항상 따라다니고 있는 것이다. 물론 나는 개가 천사이고 고양이가 악마라고 말하고 있는 것은 아니지만…….

무한집합론의 무제한의 전개도 마찬가지의 악마적인 일면과 언제 무엇이 일어날지 모르는 위험한 가능성을 간직하고 있었다. 크로네커 일파는 칸토어의 집합론이라고 하는 '하이테크놀로지'가 내포하고 있던 이 위험성을 본능적으로 인지하여 그 발전이 고전적인 수학 세계의 맑고 깨끗한 조화를 무너뜨리는 것은 아닌가라고 두려워한 나머지 그렇게까지 칸토어를 괴롭히는 데에 계속 연연했었는지도 모른다.

무한집합에는 모순이 있다

무한집합의 불온(不穩)한 움직임을 재빨리 살펴 안 것은 다름 아닌 칸토어 자신이었다. 무한집합의 최초의 '반역'은 1895년에 순서수의 연구 분야에서 불길이 오른다. 하지만 이 책에서는 '순서수'의 정확한 정의를 내리지 않고 있다. 우선은 '순서를 부여할 수 있는 수에 대한 것'이라고 이해하기 바란다('망각이란……'과 마찬가지다).

우선 필요한 기본 지식은 어떤 순서수 α, β를 취해도 반드시

$$\alpha < \beta, \quad \alpha = \beta, \quad \beta < \alpha$$

의 어느 것인가의 대소관계(순서관계)가 성립한다는 것. 따라서

$$\alpha < \alpha$$

로 되는 일은 결코 없다는 것. 게다가 앞장에서 소개한 무한농도의 초한 기수처럼 일렬(一列)로 끝없이 증대되어 가는 무한사다리를 만드는 것. 이 세 가지 점이다(초한기수의 무한사다리는 사실은 순서수의 무한사다리—이것을 '초한순서수'라고 부른다—를 근거로 하고 있다. 즉 초한기수는 초한순서수로부터 정의하는 것이 보통이나 앞장에서는 이야기가 길게 되기 때문에 일단 그러한 형태로 정리해 둔 것이다).

> 지금 모든 순서수의 집합을 취하고 이것을 M이라고 한다. 또 M 자신의 순서수를 a라고 하자. 이때 M의 임의의 요소는 a보다 작게 된다. 그런데 M의 정의로부터 a는 M에 속하기 때문에
>
> $$a < a$$
>
> 로 되어 모순이 생겨 버린다고 하는 것이다.

'별도로 트릭을 사용한 것도 아니고 특별한 가정을 설정한 것도 아닌 데도 있을 수 없는 모순이 생겼다'라는 부분이 특징이고 이것은 소박한 집합개념의 한계를 보여 주는 최초의 암시였다.

부랄리 포르티의 패러독스

칸토어는 이 발견에 대한 것을 힐베르트에게는 편지로 적어 보냈

으나 일반에게는 발표하지 않았다. 그리고 2년 후인 1897년 이탈리아의 수학자 부랄리 포르티(Burali Forti)가 동일한 결과를 얻어 파레르모의 수학회의 강연에서 공표한다. 그 때문에 이 패러독스는 지금까지도 「부랄리 포르티의 패러독스」라는 이름으로 알려져 있다.

하지만 부랄리 포르티는 이 결과를

$$\alpha < \beta, \quad \alpha = \beta, \quad \beta < \alpha$$

의 어느 것인가가 성립한다고 한 정리가 잘못이라는 것을 보여 준 반례(反例)로 굳게 믿고 발표한 것 같다. 더구나 그의 논증에는 애매한 점이 있었기 때문에 칸토어는 '부랄리 포르티는 암만해도 집합론을 올바르게 이해하고 있는 것 같지 않다'라고 주위 사람에게 누설하였던 것 같다.

칸토어의 패러독스

그로부터 다시 2년 후인 1899년에 칸토어는 데데킨트 앞으로 보낸 7월 28일자의 편지에서 두 번째의 패러독스의 발견에 대해서 언급하고 있다. 오늘날 말하는 바의 「칸토어의 패러독스」에 대한 최초의 기술(記述)이다. 그것은 다음과 같은 것이었다.

지금 모든 집합의 집합을 생각하고 M이라고 명명한다. 그 멱집합 2^M을 만들어 양자의 농도를 비교해 보자. 멱집합의 특성으로부터

$$\overline{\overline{M}} < 2^{\overline{\overline{M}}} \quad \cdots\cdots ①$$

또 M의 정의에 따라서 2^M은 M에 속하기 때문에

$$2^{\overline{\overline{M}}} \leq \overline{\overline{M}} \quad \cdots\cdots ②$$

①과 ②에 의하여 모순이 생긴다.

이 패러독스에 대해서도 칸토어는 결국 공표는 하지 않았다. 그러나 2년간에 걸쳐서 해결책을 궁리하여 '전 순서수의 집합'이라든가 '집합의 집합'이라고 하는 사리를 모르는 것을 가정한 것에 모순의 원흉이 있는 것이니까 이러한 것은 '모순을 포함하는 다수(多數)'라든가 '절대무한의 다수'라 부르고 '집합'이라고 부르는 것은 그만두자라는 결론에 도달한다.

'과격파' 칸토어로서는 약간 기회주의적인 타협안으로 생각되나 본인도 석연치 않은 부분이 있었을 것이다. 이 견해도 공표는 하지 않고 데데킨트에게 이러한 것을 보고한 편지의 말미에 '이 구별에 의해서 내가 옳았다는 것이 명백하게 되었다'라고 내뱉는 막말만으로 스스로를 납득시키고 있다.

말도 하기 나름이어서 남이 알까봐 일시적인 모면책으로 숨긴 느낌도 없지는 않으나 이 칸토어의 아이디어에는 뒤에 러셀 등의 논리주의가 표방(標榜)한 '형(型)이론(Type이론)'이나 4반세기 후에 폰 노이만이 제안한 '류(類, Class)'와 '집합(Set)'의 구별에도 통하는 번뜩임이 있었던 것으로 생각한다. 이들 아이디어가 오늘날 컴퓨터 과학의 분야에서 차츰 재인식되고 있는 것도 흥미 있는 일이다.

「러셀의 패러독스」의 충격

이와 같이 해서 칸토어가 스스로를 검소하게 달래고 있던 꼭 그 때쯤 영국에서는 기예(氣銳)의 수학자 러셀이 프레게의 『산술의 기본

법칙』이라고 하는 저서를 연구하는 가운데서 마찬가지의 패러독스를 발견하고 있었다.

오늘날 「러셀의 패러독스」로서 널리 알려져 있는, 아마 세계에서 가장 유명한 패러독스가 이때 발견된 것이다.

고틀로프 프레게(Gottlob Frege, 1848~1925)는 수라고 하는 것을 더 기본적인 개념으로부터 기초 부여하려고 하여 집합론과 흡사한 시도를 수행 중이어서 이쯤은 『산술의 기본법칙』의 속권(續卷)의 완성에 열중하고 있었다. 20년 이상의 세월이 걸린 산술의 기초부여라고 하는 평생사업이 이럭저럭 앞으로 한걸음, 완성이라는 곳까지 온 것이다.

한편 버트런드 러셀(Bertrand A. W. Russel, 1872~ 1970)은 주지하는 바와 같이 수학으로부터 철학이나 사회 문제까지 널리 활약한 만능지식인이었는데 당시는 화이트헤드(Whitehead)의 지도 아래 수리논리학에 열중하고 있던 시기였다. 훗날 러셀은 자신의 생애를 되돌아보고 이렇게 이야기하고 있다.

나는 머리가 가장 잘 돌아갈 때에 수학을 하고, 조금 나쁘게 되었을 때 철학을 하며, 더 나쁘게 돼서 철학도 할 수 없었기 때문에 역사와 사회 문제에 손을 댔다.

러셀은 패러독스의 발견으로부터 1년 뒤인 1902년 6월 16일 프레게 앞으로 보내는 한 통의 편지를 썼고 그 속에서 자신의 발견을 보고하고 있다. 프레게는 평생사업의 마지막 금자탑이 될 것인 『산술의 기본법칙』의 속권을 한창 교정하고 있는 중에 이 편지를 받았다.

러셀의 편지는 정중하게 쓴 것이라고는 하되 그 내용은 프레게의 평생 사업의 의의를 밑바탕부터 뒤엎는 말하자면 '사형선고'와도 같은 것이었다. 프레게에 있어서는 매우 충격적이었음에 틀림없으나 그는 이 타격을 초연하게 견디어 6월 22일에 서둘러 러셀에게 답장을 쓰고 있다.

〈그림 2-3〉 버트런드 러셀

귀형에 의한 이 모순의 발견은 나를 더할 나위 없이 놀라게 했습니다. 거의 망연자실(范然自失)이라고 말해도 되겠지요. 이 모순 때문에 내가 그 위에 산술을 구성하려고 생각하고 있던 기초가 흔들려 버렸기 때문입니다.

러셀이 패러독스를 알린 편지의 말미에서 프레게에게 그이의 저서를 요청한 것은 오히려 러셀의 상냥함이었는지도 모른다. 프레게는 답장의 맨 처음에 다섯 가지의 자신의 간행물의 리스트를 내놓고 그것들을 보낸다고 약속하고 있다. 그리고 이 역사적인 편지의 한 문장을 이렇게 맺고 있다.

나의 『산술의 기본법칙』의 제2권은 머지않아 간행됩니다. 나는 틀림없이 부록을 붙여서 그 안에서 귀형의 발견을 설명할 작정입니다. 나는 이미 그것에 대해서 올바른 견해가 가능하기 때문에!

이 약속은 지켜져서 다음해 출판된 프레게의 책에 의해서 「러셀의 패러독스」는 일약 세계에 널리 알려지게 된 것이다.

집합이라고 하는 이름의 '원죄'

그러면 그 「러셀의 패러독스」 이야기인데 이것은 매우 단순한 형태를 하고 있다. 프레게에게 보낸 편지에 있었던 원형(原型)은 논리학에 있어서의 '술어'에 대한 내용으로 되어 있으나 본질적으로 집합론의 패러독스이기 때문에 여기서는 집합의 말로 소개해 둔다.

> 지금 자기 자신을 요소로서 포함하지 않는 집합의 전체를 X로 한다. 그런데 X 자신은 X에 포함되는 것일까, 포함되지 않는 것일까?
> 가령 X가 X에 포함된다고 하면 자기 자신을 요소로서 포함하는 것으로 되기 때문에 X의 정의로부터 X에는 포함되지 않는 것으로 되어 모순이다. 또 가령 X가 X에 포함되지 않는다고 하면 X의 정의로부터 X는 X에 포함되어야 할 것이기 때문에 다시 모순이 생긴다. 이와 같이 어느 쪽으로 해도 모순이 생기게 된다.

이 패러독스는 '멱집합의 농도가 원래의 집합의 농도보다 참으로 크게 된다'라고 하는 칸토어의 정리를 증명했을 때에 사용한 논법과 꼭 같은 구조를 갖고 있다. 흥미 있는 분은 'I-멱집합의 농도는 원래의 집합의 농도보다 크다'의 증명과 비교하기 바란다. 또 이 논법은 본질적으로 그의 '대각선 논법'과 동일하다. 그리고 그 동일한 논법이 괴델의 불완전성 정리의 증명으로 재차, 아니 세 번, 아니아니 몇 번째인가의 끝에 그야말로 최후의 일격으로서 나타나게 되는 것이다.

「러셀의 패러독스」에 대해서 다케우치 가이시(竹內外史), 일리노이

대학 교수는 아는 사람은 아는 일본의 명저 『집합이란 무엇인가』 속에서 다음과 같이 평가하고 있다.

러셀의 패러독스는 여분의 것을 포함하지 않는 빠듯한 것으로서 도대체 집합 개념의 어디가 모순을 만드는 원인이 되는가를 분명히 했다고 해도 좋을 것이다. 이전의 모순에서는 어쩐지 복잡한 요소가 있어 마음이 내키지 않는 것을 러셀의 패러독스에 의해서 집합론이 참된 의미에서 심각한 위기에 빠져들고 있는 것이 명백히 되었다고 해도 좋을 것이다. 이렇게 해서 수학자 아담과 이브는 집합이라고 하는 원죄(原罪)를 짊어지고 칸토어의 낙원으로부터 나가지 않으면 안 되었다.

「러셀의 패러독스」를 즐긴다

그런데 「러셀의 패러독스」에는 동일 내용을 더 알기 쉬운 비유로 표현한 여러 가지 일반용의 판(Version)이 만들어져 있다. 이것들은 집합론의 패러독스라고 하기보다는 오히려 다음 장에서 소개하는 논리적인 자기모순에 가까운 것이지만 참고로 그리고 머리 운동을 겸한 기분전환의 의미에서 대표적인 것을 네 가지 정도 소개해 둔다.

첫 번째의 것은 러셀 자신이 1919년 간행한 자신의 저서 『수리철학 입문』안에 채용한 것으로서 「마을 이발사의 패러독스」라 부르고 있다.

어느 마을에 그 마을에서 단지 한 사람의 이발사가 있는데 자신이 자신의 수염을 깎지 않는 마을 사람 전원의 수염만을 깎는다고 한다. 그러면 이 이발사는 자신의 수염을 깎을 것인가, 깎지 않을 것인가?

만일 깎는다고 하면 그이 자신은 깎지 않으면 안 되는 대상에서 제외되기 때문에 깎을 필요가 없다. 만일 깎지 않는다면 그 대상에 포함되기 때

〈그림 2-4〉 러셀의 패러독스

문에 깍지 않으면 안 된다. 자, 어떻게 하지? 어떻게 할까?

두 번째의 판—「도서목록의 패러독스」(곤세스, 1933년)

어느 도서관의 도서목록 중 자기 자신을 싣고 있지 않는 것만을 모아 그 모든 것을 실은 목록을 만든다. 그러면 이 목록 자체는 이 목록 속에 실어야 될 것인가, 실어서는 안 될 것인가?

만일 실으면 자기 자신을 싣고 있지 않은 것만을 싣는다고 하는 약속에 위배된다. 역으로 싣지 않으면 같은 약속에 따라서 싣지 않으면 안 된다.

세 번째의 판—「시장(市長)의 패러독스」(반 단치히, 1948년)

어떤 나라에서는 모든 시는 시장을 갖고 있지 않으면 안 되는데 시장이 그 시에 거주하고 있지 않는 경우가 많다고 한다. 그래서 그와 같은 시장만을 모두 모아서 특별한 시, '시장시(市長市)'가 법률에 의해서 제정됐다. 그러면 이 시장시의 시장은 누가 되어야 할 것인가?

누가 시장으로 되어도 그 시장은 시장시에 거주할 수 없게 된다. 그러나 그 시장이 다른 시에 거주하면 시장시의 법령에 따라 그 시장은 시장시에 거주하지 않으면 안 된다. 이와 같이 하여 시장을 내세울 수 없게 되는데 모든 시는 시장을 갖지 않으면 안 되기 때문에……얼마나 악법(惡法)일까!

네 번째의 판—「그레링의 패러독스」

형용사구—원작은 영어로서 단순히 형용사로도 좋으나 일본어에서는 우습게 되기 때문에 형용사구로 한다—를 '자론(自論)적 형용사구'와 '타론(他論)적 형용사구'의 두 종류로 분류한다.

　(1) 자론적 형용사구[원작은 자기논리적(Autological) 형용사]— 그것 자신이 자기가 형용하는 성질을 갖는 것, 예컨대 '일본어의', '네 문자의', '비식용의' 등.

(2) 타론적 형용사구[원작은 이타(異他)논리적(Heterological)형 용사)—그것 자신이 자기가 형용하는 성질을 갖지 않는 것. 예컨대 '영어의', '두 문자의', '식용의' 등.

그러면 '타론적인'이라고 하는 형용사구는 타론적이냐, 아니냐?

이에 대한 해석은 이에 대한 해석을 자기 자신으로 생각해 보지 않은 사람만이 전원 필히 자기 자신으로 해석을 시도해 보기 바란다.

집합론의 모순이 야기시킨 「수학의 위기」

「부랄리 포르티의 패러독스」나 「칸토어의 패러독스」로부터 시작된 무한집합의 '조반(반역)'은 「러셀의 패러독스」로 절정을 맞이하여 유럽의 수학계를 요원(燎原)의 불길처럼 석권해 갔다. '조반유리(造反有理)'[역주: 반역을 일으키는 편에서도 반드시 그 나름의 타당한 도리가 있음의 뜻. 1966년 중국의 문화대혁명 당시 모택동이 혁명파를 격려한 말]는 아니지만 바야흐로 집합론의 근간(根幹)에 균열(龜裂)이 가고 집합과 논리 위에 성립된 모든 수학의 존재 의의가 그 밑바탕부터 의심되기 시작한 것이다. 혁명에는 혼란과 위험이 항상 따라다니는 것이지만 집합론의 혁명이 「수학의 위기」를 초래했다고 하여도 될 것이다.

1925년에 행한 강연 「무한에 대해서」 속에서 힐베르트는 당시를 회고하면서 다음과 같이 이야기하고 있다(이 강연에 대해서는 제4장에서 다시 한 번 언급한다).

칸토어는 초한수의 이론을 거대한 성공리에 발전시켜 그들의 완벽한 계산법을 창조했습니다. 이리하여 드디어 프레게, 데데킨트, 그리고 칸토어의 위대한 공동 작업을 통해서 무한은 왕좌(王座)에 오르고 그 거대한 승리의 한 시기를 즐긴 것입니다. (……)

반동(反動)은 일어나야 했기에 일어났습니다. 그것도 매우 극적으로 말입니다. (……) 그것이 소위 집합론의 패러독스였습니다. 특히 러셀이 발견한 모순은 그것이 알려지자 수학자의 세계에 즉각 파국적인 효과를 가져왔습니다. 이들의 패러독스에 직면해서 데데킨트와 프레게는 그들의 입장을 사실상 방기(放棄)하고 이 분야에서 손을 떼버렸습니다. (……) 여러 방면에서 매우 격렬한 공격이 칸토어의 이론 그 자체에 대하여 향해졌습니다.

집합론의 그 뒤를 쫓기 전에 우리들은 일단 머리를 백지로 돌리고 도대체 수학에 있어서의 '진리'란 무엇인가를 「수학의 위기」 전후의 시대상황 속에서 되돌아보기로 하자.

3. 진리란 무엇인가?

1. 크레타(Creta)인은 거짓말쟁이?

거짓말쟁이와 정직한 사람은 어디서 구분한다?

'나는 거짓말은 하지 않습니다.' 정치가인 높은 선생님이라면 누구나가 한번은 입 밖에 낸 일이 있을 법한 말이다. 확실히 듣기가 좋고 자못 청렴결백한 선비에 걸맞은 발언처럼 들린다.

그러나 이 말이 글자 뜻대로 지켜진 일이 얼마나 드문가라는 것도 유감스럽게도 부정할 수 없는 사실이다. 정치가의 발언은 단순한 정치적 흥정의 도구에 지나지 않고 '거짓말도 방편(方便)'이 되는 것일까?

원래 진실을 이야기하고 있는 사람은 보통 자기는 거짓말을 하고 있지 않다고 변명을 하지 않는 법이다. 그것은 어떻든 간에 순수하게 논리적으로 생각해 보아도 이 발언은 참으로 우스운 사태를 표현하고 있는 기괴한 발언이라는 것을 알 수 있다.

만일 정직한 사람이 이렇게 말한 것이라면 일단은 문제는 없을 것 같다. 조리가 서 있다. 그러면 가령 발언자가 거짓말쟁이라면 어떠할까?

'거짓말쟁이'라는 것은 논리적으로는 '항상 거짓말밖에는 말하지 않는 사람'을 말한다. 그래서 만일 거짓말쟁이가 자신에 대한 것을 거짓말쟁이라고 고백해 버리면 그 시점(時點)에서 발언자는 거짓말쟁이가 아닌 것으로 되어 버려 가정(假定)에 어긋나 버린다. 그 때문에 논리적으로 생각하려면 거짓말쟁이도 역시 정직한 사람과 마찬가지로 자기는 거짓말을 하고 있지 않다고 말하지 않으면 안 된다.

〈그림 3-1〉 "정치가는 거짓말을 하지 않는다"라고 정치가는 말했다?

즉 이러한 것이다. 어떤 인물이 자기의 정직성을 주장하고 있었다 해도 그것은 그대로 받아들일 수는 없다. 왜냐하면 그 인물이 정말 정직한 사람인가, 실은 거짓말쟁인가를 그 발언만을 근거로 흑백의 판정을 내리는 것은 원리적으로 불가능하기 때문이다.

진위 판정의 세 가지 사례

마찬가지의 상황이 경쟁자끼리의 비난싸움이나 흥정의 장면에서도 가끔 나타난다. 미분적분학을 만든 것은 어느 쪽이 먼저였는지가 대논쟁(大論爭)으로 발전해서 국제여론을 둘로 가른 근대과학사상 최대의 두 사람의 경쟁자, 뉴턴과 라이프니츠(Leibniz)를 등장시켜 몇 개인가의 사례를 생각해 보자(물론 다음의 발언은 반드시 역사적 사실 그 자체는 아니다. 어디까지나 픽션(Fiction)으로서 읽기 바란다).

먼저 서로 상대방을 비난하는 사례.

뉴턴　라이프니츠는 거짓말쟁이다.
라이프니츠　뉴턴 쪽이야말로 큰 거짓말쟁이다.

이 사례에서는 어느 쪽인가를 정직한 사람 또는 거짓말쟁이라고 가정해도 이야기의 조리가 꼭 맞도록 되어 있다. 즉 뉴턴이 정직한 사람이라면 라이프니츠는 거짓말쟁이, 뉴턴이 거짓말쟁이라면 라이프니츠는 성실한 사람으로 돼서 단지 그것만의 이야기다. 다만 양자의 발언만을 실마리로 해서 어느 쪽이 거짓말쟁이인지 그 정체를 규명할 수는 없다.

다음으로 '칭찬해서 녹이는' 사례를 생각해 보자.

뉴턴　라이프니츠는 정직한 사람이다.
라이프니츠　뉴턴 씨, 당신이야말로 드물게 보는 정직한 사람이오.

이 경우는 정직한 사람끼리, 또는 거짓말쟁이끼리의 '공범관계'가 성립한다. 즉 정직한 사람끼리면 자명(自明)하나 가령 거짓말쟁이끼리라고 가정해도 이 대화 자체에는 논리적으로 생각해서 아무런 우스운 점은 찾아 볼 수 없다. 요컨대 여우와 너구리의 서로 홀리기라고나 할까?

제3의 사례. 이것이 마음 놓을 수 없는 일이다. 잘 생각해 보기 바란다.

뉴턴　라이프니츠는 거짓말쟁이다.
라이프니츠　뉴턴은 정직한 사람이다.

우스운 이야기로 되는 것을 알게 되었는가? 뭐? '뉴턴이 정직한 사람이고 라이프니츠는 거짓말쟁이라고 말해도 되지 않는가'라고? 좋아! 즉시 논리적으로 이 대화를 분석해 보도록 하자.

뉴턴은 정직한 사람이거나 거짓말쟁이거나 어느 한 쪽이기 때문에 우선 정직한 사람이라고 가정해 본다. 그랬더니 뉴턴의 발언으로부터 라이프니츠는 거짓말쟁이라는 것이 된다. 그래서 그 발언도 거짓말이다. 이것은 바꿔 말하면 뉴턴이 거짓말쟁이라는 것을 의미한다. 이것은 '뉴턴을 정직한 사람'이라고 한 가정에 위배되기 때문에 모순이다.

그래서 이번에는 거꾸로 뉴턴은 거짓말쟁이라고 가정해 본다. 그랬더니 그 발언은 거짓말이기 때문에 라이프니츠는 정직한 사람이라는 것이 된다. 따라서 라이프니츠의 발언은 옳고 뉴턴은 정직한 사람이라고 판단할 수 있으나 이것도 역시 '뉴턴은 거짓말쟁이'라고 한 가정에 위배되기 때문에 모순이다. 즉 이 사례에서는 진위의 어느 쪽을 가정해도 모순이 생겨버리는 것이다.

이들 세 가지 사례는 외부의 제3자로서 바라보는 한 진위의 판정을 결정할 수 없게 되는 상황을 낳게 되는데 각각 미묘하게 논리의 구조가 다르게 되어 있다. 이 관계는 〈그림 3-2〉처럼 시각적으로 파악하면 알기 쉬울지 모른다.

최초의 두 가지의 사례에서는 정직한 사람(겉)과 거짓말쟁이(안)가 분명하게 되어 있기 때문에 당사자 사이에서는 "진실은 하나"이다. 그런데 세 번째의 사례가 되다 보면 그렇게는 되지 않는다. '뫼비우스의 띠'처럼 겉이 안이 되고 안이 겉으로 되어 버리기 때문이다. '안은 있어도 없다'라는 유명한 격언이 있는데 그러한 세계이다.

「크레타인의 패러독스」―자기모순의 전형(典型)

그런데 이 세 번째의 대화가 '출구(出口) 없음'의 상황에 빠진 것에 대한 논리적인 핵심은—실존적 이유는 어찌되었건—'라이프니츠는 거짓말쟁이다'라고 하는 뉴턴의 주장을 라이프니츠 자신이 인정한 점에 있다. 따라서 이 두 사람의 다이얼로그는 다음과 같은 모놀로그로 바꿔 말하는 것이 가능하다.

'라이프니츠는 거짓말쟁이다'라고 라이프니츠가 말했다.

이것은 다름 아닌 옛부터 잘 알려져 있는 「크레타인의 패러독스」바로 그것이다. 논리적으로 생각하면 자기모순에 빠져 버리는 전형적인 사례로서 원형(原型)은 이렇다.

'모든 크레타인은 거짓말쟁이다'라고 크레타 사람인 에피메니데스가 말했다.

이 패러독스는 '거짓말쟁이의 패러독스'라든가, 발언자의 이름을 따서 '에피메니데스의 패러독스'라고 부르는 일도 있다. 에피메니데스는 기원 전 6세기의 그리스의 철학자이다. 그러나 실제로는 미레토스 사람인에 우부리데스라고 하는 인물의 작품이라는 설도 있다. 철학자 피레타스는 이 패러독스에 지나치게 깊이 들어가 저것도 아니고 이것도 아니라고 생각하여 밤잠을 잘 수 없었기 때문에 결국 자살해 버렸다고 한다.

신약성서의 「테토스에게 보내는 편지」속에서 사도(使徒) 바울(Paul)은 크레타로 포교(布敎)차 파견한 제자 테토스에게 이렇게 써서 보내고 있다.

정직한 사람(거짓말쟁이)

뉴턴 : 라이프니츠는 거짓말쟁이
라이프니츠 : 뉴턴은 거짓말쟁이

정직한 사람

거짓말쟁이

뉴턴 : 라이프니츠는 정직한 사람
라이프니츠 : 뉴턴은 정직한 사람

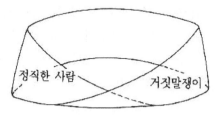

정직한 사람　　　거짓말쟁이

뉴턴 : 라이프니츠는 거짓말쟁이
라이프니츠 : 뉴턴은 정직한 사람

〈그림 3-2〉 제3자가 진위의 판정을 할 수
없는 세 가지 사례

그들(크레타인)의 한 사람, 예언자 자신이 다음과 같이 말했습니다. '크레타인은 언제나 거짓말쟁이, 나쁜 짐승, 나태한 대식한(大食漢)이다' 이 말은 들어맞고 있습니다(新共同訴).

크레타인의 패러독스를 언급한 뒤 '이 말은 들어맞고 있습니다'-오래된 번역에서는 '이 증명은 참되다'-라고 강조하고 있는 부분이 재미있다고 생각한다. 종교에 있어서 자기모순은 일종의 "걸림돌"인지도 모른다.

생각해 보면 가령 삼위일체(三位一體)라 해도, 색즉시공(色卽是空)이라 해도 절대모순 이외의 아무것도 아니다. 절대모순을 받아들이고 뿐만 아니라 절대모순과의 자기동일(自己同一)을 달성하는 데에는 신앙의 힘을 갖는 것 이외로는 불가능한 것이다.

아무튼 바울의 시대에는 이미 이 패러독스가 널리 알려져 있던 것으로 된다. 크레타인과 에피메니데스는 유럽문명이 새로 시작되려는 시절부터 거짓말쟁이의 오명이 뒤집어씌워져 뒷손가락질을 받아 온 셈이다. 그러나 그로부터 2600년 후에 방황하는 크레타인의 망령(亡靈)이 되살아나서 수학이라고 하는 가장 엄밀하고 동시에 논리적인 절대의 진실을 증명하는 인간의 영지(英知)라고 믿어져 온 학문의 근간(根幹)을 덮치게 될 것이라고는 그토록 대단한 바울도 생각이 떠오르지 않았음에 틀림없다.

리샤르, '크레타 인의 망령'을 부활시키다

크레타인의 패러독스의 현대판은 1905년에 등장한다. 프랑스의 디종에 있는 리세(고등중학교)에서 수학교사를 하고 있던 말하자면 아마추어의 수학자인 줄 리샤르가 발견한 패러독스가 그것이다. 이 패러독스는 집합론에 대한 여러 가지 패러독스의 밑바탕에 있고 '다른 몇 갠가의 모순도 아마 그것으로 환원할 수 있을 법한 모순'을 가리키는 것이라고 리샤르는 생각했다.

리샤르 자신이 창안한 패러독스에 대해서는 그 아이디어가 괴델의 불완전성 정리의 증명에 통째로 활용되어 있기 때문에 Ⅱ부에서 상세히 해설한다. 여기서는 베리가 개량한 「리샤르의 패러독스」의 보급판을 소개해 둔다. 다만 한국어로 바꿔 놓은 형태로 보여 준다.

베리는 「모든 수는—어떠한 큰 수라도—16자 이내로 기술할 수 있다」라고 주장했다(물론 그러한 일은 불가능하기 때문에 이것은 패러독스이다).

증명 16자 이내로 기술할 수 없는 수가 있다고 하자. 그 안의 최소의 수를 a라고 하자. a는 정의로부터 16자 이내로는 기술할 수 없어야 할 것이다. 그런데 a는 「16자 이내로 기술할 수 없는 최소의 수」라고 하는 16자 이내의 문자로 기술할 수 있기 때문에 모순. 그러므로 배리법에 의해서 모든 수가 16자 이내로 기술할 수 있음이 증명되었다.　　(증명 끝)

그것은 단순한 '말의 표현상의 기교'에 지나지 않는다?

「리샤르의 패러독스」가 등장한 다음해인 1906년 이탈리아의 수학자 페아노는 이렇게 언급하여 새로운 패러독스의 출현에 혐오감을 보여 주고 있다.

리샤르의 논의는 수학적 방법으로는 표현할 수 없기 때문에 수학과는 아무 관계도 없다. 그것은 언어학에 속하는 문제다.

람제이도 이 발언에 동조해서 1926년에 패러독스를 두 가지 형태로 나누어서 생각해야 할 것이라고 주장했다. 즉 부랄리 포르티, 칸토어, 러셀 등의 집합론에 대한 패러독스를 '논리적인 패러독스'라고 부르고 리샤르나 크레타인의 패러독스처럼 '언어의 표현상의 기교'에 관한 것은 이것을 '의미론적 패러독스'라고 불러서 양자를 구별하려고 하는 것이다. 괴델이 후자의 아이디어를 엄밀하게 수학적으로 표현해서 불완진성 징리를 증명한 것은 그로부터 불과 5년 후의 일이었다.

일전에 애석하게도 별세한 마에바라 쇼우지(前原昭二) 씨는 괴델의 불완전성 정리에 대해서 언급한 에세이(Essay) 속에서 다음과 같이 시사하는 바가 풍부한 의견을 말했다.

이 정리가 어떠한 동기에서 발견되었는지 그 참된 것은 괴델 자신에게 물어 보는 것이 가장 가까운 길이나 내 멋대로의 상상을 말한다면 그것은 고래(古來)로부터 자주 말해 와서 신기한 맛이 없어진 '거짓말쟁이의 패러독스(크레타인의 패러독스)의 정확한 표현을 찾음으로써 얻어진 것은 아닌가 하고 생각한다.

논리 게임으로의 초대

그런데 크레타 인의 패러독스에는 여러 가지 변형(Variation)이 알려져 있다. 사람들이 옛날부터 이 패러독스를 인축무해(人畜無害)한 일종의 지적(知的) 게임으로서 편애하여 온 증거일 것이다. 실제 이 패러독스 때문에 목숨을 잃었다고 하는 사례는 불쌍한 철학자 피레타스를 제외하면 다행히도 그밖에는 들은 적이 없다. 여기서는 그 안에서 유명한 변주(變奏)를 두 가지 정도 소개해 둔다.

크레타인의 패러독스에 의한 변주곡1—「산쵸 판사의 패러독스」

어느 나라는 큰 강에 의해서 양분되고 이 강에 교량이 하나 걸려 있었다. 교량의 양쪽 옆에는 재판소와 교수대가 있어 이 다리를 건너는 사람들을 어떤 법도에 따라서 재판하고 있다. 그 법도란 이러한 것이다.

'이 다리를 건너려고 하는 자는 먼저 어디에 가서 무엇을 할 것인가를 신고할 것. 진실을 신고한 자는 여기를 통과시키지 않는다. 허위신고를 한 자는 저편(강 건너편)에 보이는 교수대에서 허위신고를 한 조목에 따라 교수형에 처해져 벌을 면치 못한다.'

어느 날 한 사람의 남자가 찾아와서 맹세코 이렇게 말했다.

'나는 강 건너의 교수대에 죽으러 가고 싶을 뿐이고 그밖에 목적은 없습니다.'

그런데 이 상신(上申)을 평의(評議)한 재판관은 다음과 같이 생각해서 판결을 내릴 수 없게 되었다.

'만일 이 남자를 무사히 통과시키면 남자는 허위신고를 한 것이 되고 법도에 따라서 남자는 죽지 않으면 안 된다. 또 만일 남자를 교수형에 처하면 남자는 그 교수대에 죽으러 간다고 신고한 것이기 때문에 진실을 신고한 것이 되어 같은 법도에 따라서 죄는 면제된다.'

이 이야기는 돈키호테의 충실한 종자(從者) 산초 판사가 바라타리야 섬의 태수(太守)가 됐을 때 제기된 어려운 문제이다. "태수 각하, 이 남자를 어떻게 해야 될 것인지 각하께 여쭈어 보는 바입니다"(세르반테스 『돈키호테』에서).

크레타인의 패러독스에 의한 변주곡2—「위선자의 패러독스」

옛날에 한 사람의 위선자가 어느 자선가(慈善家)의 아들을 유괴하고 이러한 메모를 남기고 갔다.

"자선가여, 만일 네가, 내가 너의 아들을 너에게 되돌려줄지 어떤지를 보기 좋게 알아맞춘다면 그리고 그때만 나는 너에게 아들을 되돌려줄 것이다.

회답은 자선냄비에 넣어두게."

자선가는 마음이 넓은 사람이었기 때문에 '양육비'까지 싸서 이렇게 회답을 하였다.

"당신은 아들을 되돌려주지 않겠지요."

그러면 이 회답을 읽은 위선자는 과연 어떠한 행동으로 나왔을까?

논리의 법도(法度)

여기서 주의 한마디. 이와 같이 패러독스를 논리 게임으로서 즐기는 경우에는 반드시 어떤 법도나 약속 등의 규칙을 정확히 지키지 않으면 안 된다. 즉 정직한 사람은 '언제나 진실밖에는 말하지 않는 사람'이고 거짓말쟁이는 '언제나 거짓말밖에는 말하지 않는 사람'에 대한 것이다.

이 대전제를 허물고 '대체로 정직하나 때로는 거짓말도 말하는 사람'이라든가 '대체로 거짓말쟁이나 때로는 정직도 말하는 사람' 등을 등장시키면 이야기의 흐름은 대폭 바뀌어 버린다.

이 언저리를 한마디로 단정지어 단순하게 생각할 수 있는지 아닌지가 이야기의 본래의 의미로 사물을 '논리적으로' 생각할 수 있는지 없는지의 갈림길이 되는지도 모른다. 가까운 예를 들어 보자. 제재(題材)로 채택하는 것은 「늑대와 양을 치는 소년」의 우화이다.

어느 마을에 언제나 '늑대가 왔다'라고 거짓말을 하고는 마을 안을 떠들썩하게 하고 마을사람이 무서워 부들부들 떠는 모습을 보고 기뻐하고 있었던 나쁜 양치기 소년이 있었다. 그런데 어느 날 정말로 늑대가 나타난다. 소년은 '늑대가 왔다!'라고 외치며 마을사람에게 도움을 청하지만 이미 마을사람은 누구도 소년을 상대해 주지 않는다. 이렇게 해서 양들과 소년은 늑대에게 잡아먹혀 버렸다는 이야기다.

〈그림 3-3〉 논리적인 거짓말쟁이란 절대로 진실을 말하지 않는 사람을 말한다

통상 이 이야기는 '그러니까 거짓말을 하는 것은 좋지 않은 일이다'라는 교훈적인 이야기로서 이해되고 있다. 그러나 견해를 바꾸면 소년의 비극은 그가 논리의 약속을 깼기 때문에 일어난 것이라고 해석 못할 것도 없다.

만일 소년이 시종일관된 '거짓말쟁이'였다면 그는 이번에는 "늑대가 오지 않았다!"라고 안색을 바꿔서 큰소리로 외치며 돌아다녔을 것이다. 마을 사람도 그 말에서 이변(異變)이라는 것을 살펴 알고 양과 소년을 구조하러 갔을 것이다. 그러나 소년은 늑대의 존재라는 압도적인 현실을 앞에 두고 자신이 '거짓말쟁이'였던 것을 잊어 논리적 추론(推論)의 올바른 귀결을 오인(誤認)해 버린 것이다.

그러니까 역설적으로 들릴지 모르나 논리적으로 시종일관된 '거짓말쟁이'란 거짓말을 하는 것에 관해서는 결코 거짓말을 하지 않는 진실된 인간이라고 말할 수 있다. 마찬가지로 가령 논리적인 '나쁜 사람'이 있다고 하면 그이 내지 그녀는 나쁜 짓을 하는 것에 관해서는 천사 또는 성인처럼 성실하게 나쁜 짓을 할 것임에 틀림없다. 그 성실성의 한 가지 점으로 그 또는 그녀는 어중간한 '착한 사람'보다도 논리적으론 훨씬 '올바른' 의로운 사람이 되는 것이다. 착한 사람은 명예로써 생을 끝낸다. 하물며 나쁜 사람은······.

논리학의 이야기를 들으면 암만해도 기이(奇異)한 느낌이 들어버리는 것은 일상감각으로는 오히려 애매한 형태 쪽이 압도적인 다수 피이기 때문일 것이다. 현내의 논리학에서는 진위의 애매성을 허용한 '퍼지(Fuzzy, 애매) 논리'나 추측과 수정을 허용하는 '디폴트(Default, 오류) 논리'로 대표되는 것처럼 더 다양한 논리 체계가 연구되고 있다. 그러나 이 책에서는 일관되게 '획일적'인 논리를 다루기로 한다. 그리고 고대 그리스의 옛날부터 논리적 사고의 귀감으로 되어 온 것이 유클리드 기하학이었다.

2. 평행선은 교차한다!?

이성의 왕도(王道)—유클리드 기하학의 탄생

고대 그리스 사람은 수학의 문제를 모두 기하학으로 사고하였다. 뒤에 아랍 사람이 대수학(代數學)을 발전시킨 것과 참으로 대조적이다. 그래서 그리스어로 적힌 기하학 이외의 수학서적인 『수론(數論)』의 저자 디오판토스는 사실은 그리스 사람이 아니고 페르시아 사람이었다는 설이 유력하다.

그리스와 아랍에서 어떻게 해서 이만큼의 차이가 수학문화에 나타났는가의 이유는 흔히 풍토나 종교와의 관련으로 설명된다. 예컨대 그리스의 풍토와 문화와의 깊은 관계에 대해서 미술사(美術史)의 사와야나기 다이고로(澤柳大五郎) 씨는 다음과 같이 말하고 있다.

그리스에서는 '믿을 수 없을 만큼의 밝음과 먼 곳에 있는 나뭇잎이나 자갈까지도 또렷하게 보여 거의 거리감을 없애버릴 정도의 맑고 투명한 공기'가 넘쳐흐르고 있기 때문에 '그리스에서는 본다고 하는 것이 다른 나라와는 별개의 의미를 나타낸다. 그리스 사람이 눈에 비치는 세계에 우리들의 생각이 미치지 못하는 높은 가치를 인정하고 있었다는 것도 그리스에 가보면 자연스럽게 이해된다. 그리스에서는 눈에 보이는 것 이상으로 명석(明晰)한 것이 있을 것이라고 생각되지 않는다.' 운운…….

한편 아라비아 수학이 대수중심이었던 이유는 이슬람교가 철저한 반(反)우상 숭배의 종교여서 형태 있는 것이 부정되었기 때문이라고 흔히 일컬어지고 있다.

기하학으로서의 그리스 수학의 정화(精華)를 집대성한 것이 유클리드의 『원론』이라든가 『기하학원론』이라고 부르는 서적이다. 기원전 3세기경에 완성된 것 같으나 그 이래 기하학의 가장 권위 있는 원전(原典)으로서 세계 속에서 계속 읽혀지고 유사 이래 읽혀진 책 중에서 성서에 다음 가는 베스트셀러가 되었다.

유클리드라고 하는 인물에 대해서는 『원론』의 저자—또는 편집자이거나?—라고 하는 것 이외는 거의 아무것도 모르고 있는 것 같다. 유일하게 잘 알려진 일화는 5세기의 기하학자 프로그로스가 전한 것으로서 다음과 같은 것이다.

알렉산드리아의 왕 프톨레마이오스 1세가 『원론』의 난해(難解)에 애를 먹고 유클리드에게 '더 손쉽게 기하학을 이해할 수 없는가?"라고 조언을 요청했다. 그때 유클리드가 답하여 말하기를 "기하학에는 왕도는 없사옵니다.'

유클리드는 사실은 '왕도가 없습니다마는 양식(良識)과 노력만 있으면 누구에게도 이해될 수 있을 것이옵니다'라고 말하고 싶었던 것은 아닐까. 또는 어쩌면 '『원론』이야말로 다름 아닌 이성의 왕도 바로 그것입니다'라고 말하고 싶었는지도 모른다.

『원론』은 이성의 성전(聖典)

데카르트는 근대 철학을 개시함에 즈음해서 그 매니페스트 (Manifest, 선언)라고도 할 만한 전투적인 팸플릿이었던 『방법서설 (方法序說)』을 '양식(良識, 본 상스)은 이 세상에서 가장 공평하게 배분되어 있는 것이다'라는 하나의 글로부터 시작하고 있다. '바르게 판단해서 진위를 판별하는 능력-이것이 바로 양식 또는 이성이라고 부르고 있는 바의 것이나-은 선천적으로 모든 사람에게 평등하다'라는 것이다.

이 주장은 17세기의 대 합리주의의 성립에서 18세기의 계몽사상의 전개까지 요컨대 근대라고 하는 시대를 밑바탕으로부터 이끈 일대(一大) 사조(思潮)였다. '우리들로 하여금 인간답게 하고 짐승 따위로부터 우리들을 구별하는 유일한 것'(데카르트)으로서의 인간 누구나가 갖는 이성에 대한 절대적인 신뢰의 표명이었던 것이다.

특히 양식 있는 이성적 판단의 귀감으로 된 것이 다름 아닌 유클리드의 『원론』 바로 그것이다. 『원론』을 본보기로 해서 스피노자는 『에티카』를 썼고 뉴턴은 『자연철학의 수학적 여러 논리』를 저술했다. 『원론』은 이성적 판단이란 이러해야 한다, 진리란 이러해야 한다는 것을 모범적으로 보여 주기 위해 소위 신이 이 세상에 보낸 '최종심판의 법정'이라고 생각되어 있던 것이다. 천상(天上)의 진리인 신앙을 위한 '성서'와 지상의 진리인 학문을 위한 『원론』, 이것들이 2대 베스트셀러가 된 것도 당연하다고 말하면 당연한 일이었던 것이다.

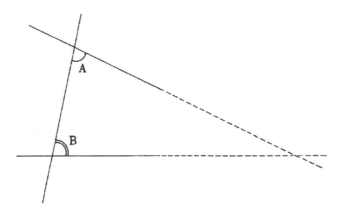

〈그림 3-4〉 유클리드의 제5공준

『원론』에는 하나의 '흠집'이 있다!

그러나 절대 무류(無謬)라고 믿어져 있던 『원론』에도 한 점의 흠집이 있는 것은 일찍부터 알려져 있었다. 그것이 「제5공준(公準)」이라고 부르는 기하학의 기초가 되는 주장의 하나에 대한 의의(疑義)였다.

『원론』은 '정의'로부터 시작해서 '공준'과 '공리'를 출발점으로 논리적 추론(推論)을 겹쳐 쌓아 '정리'를 유도한다는 시종일관된 방법으로 적혀 있다. 소위 '연역적 방법'이 채택되고 있는 것이다.

'정의'는 기하학을 만드는 소재(素材)를 보여 준 것으로서 전부 합해서 23개가 있다. 잘 아는 것을 두, 세 개 골라내자.

정의 1 점(點)이란 부분을 갖지 않는 것이다.

정의 2 선(線)이란 폭이 없는 길이이다.

정의 5 면(面)이란 길이와 폭만을 갖는 것이다.

정의 23 평행선(平行線)이란 동일평면상에 있고 양방향으로 끝없이 연장해도 어느 방향에 있어서도 서로 교차하지 않는 직선이다.

이 '정의' 때문에 좌절해 버려 수학을 싫어하게 되는 사람은 의외로 많은 것 같다. '부분을 갖지 않는 것이란, 이거 어떻게? 수학은 불가해(不可解)!'라는 것인데 이 의심은 사실은 정곡을 찌르고 있다. '점'이나 '선'이나 '면'을 '정의'하는 데에 '부분', '폭', '길이' 등의 용어가 사용되고 있으나 이들 용어는 어디에도 정의되어 있지 않다. 그것은 양식적으로 해석하라는 것이나 그때 해석의 임의성은 피하기 어렵기 때문이다.

가령 이 '정의'를 현실세계의 진리를 나타낸 것으로 해석하면 거기서부터 연역적으로 유도된 모든 정리(定理)는 세계의 현실을 참으로 파악한 것이 된다. 실제 19세기 전반까지 사람들은 『원론』을 그와 같이 해석하고 '유클리드 기하학은 공간에 관한 유일무이의 진리를 나타내는 절대무류의 학문'으로 파악되어 있었다.

'공리'나 '공준'에 대해서도 마찬가지로서 이들은 '누구나가 양식에 따라서 올바르다고 인정하지 않을 수 없는 원리'로 이해되어 있었다. '공리'는 '공통개념'의 의미로서 예컨대 '같은 것에 동일한 것은 서로 동등하다'라든가 '전체는 부분보다 크다' 등 일반적인 양 관계에 대한 '자명한 명제'를 나타내고 있다.

한편 '공준' 쪽은 '요청'의 의미로서 기하학적 관계에 대한 '자명한 명제'가 다섯 가지 배열되어 있었다.

공준: 다음의 사항이 요청되어 있다고 할 것.

⑴ 임의의 점에서 임의의 점으로 직선을 그을 것.
⑵ 유한 직선을 연속해서 일직선으로 연장할 것.

(3) 임의의 점과 임의의 거리로 원을 그릴 것.

(4) 모든 직각은 같을 것.

(5) 하나의 직선이 두 개의 직선과 교차하고 같은 쪽의 내각(內角)의 합이 2직각보다 작다면 이 두 직선을 끝없이 연장하면 2직각보다 작은 각이 있는 쪽에서 교차할 것.

제5공준만이 다른 네 가지 공준에 비해서 극단적으로 복잡하게 되어 있다. 과연 이것도 '자명한 명제'라고 말할 수 있을까? 또는 다른 공준이나 공리에서 연역적으로 유도될 수 있는, 따라서 '공준'이 아니고 '정리'로 되는 것은 아닐까?

「평행선 문제」에서 비유클리드 기하학으로

이러한 의의(疑義)는 앞에 나온 프로그로스를 비롯해서 고대로부터 갖게 되어 『원론』이 갖는 유일한 흠집 또는 18세기의 수학자 달랑베르(D'alembert)의 말을 빌리면 '스캔들'로 지목되어 왔다. 『원론』의 절대성은 어떻게 하면 구조될 수 있을까? 이것이 소위 「평행선 문제」라고 부르는 유클리드 기하학의 큰 문제였던 것이다.

이 평행선 문제가 소위 '비유클리드 기하학'의 발견에 따라서 해결을 본 경위는 수학사상 가장 유명한 이야기이기 때문에 알고 있는 분도 많다고 생각한다. 그래서 가우스, 볼리아이 부자, 로바체프스키가 삼파전(三巴戰)을 이루어 펼쳐 보이는 발견의 드라마에는 상당히 흥미 있는 것이 있으나 여기서는 깊이 들어가지 않는다.

다만 한 가지만 주의해 두고 싶은 것은 비유클리드 기하학의 발견이 당초부터 센세이션 한 화제를 부르고 수학의 혁명으로 이어졌는가 하면 결코 문제는 그렇게 단순하게는 진행되지 않았다는 것이다.

가우스는 생전 비밀주의에 투철하여 자신이 발견한 결과를 공표

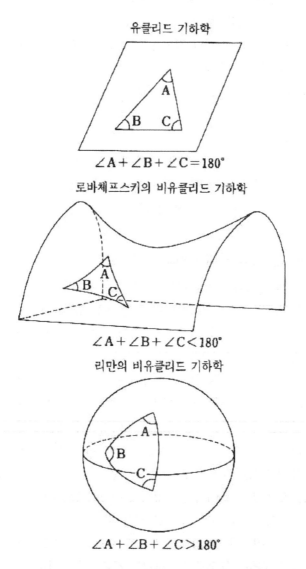

유클리드 기하학

$\angle A + \angle B + \angle C = 180°$

로바체프스키의 비유클리드 기하학

$\angle A + \angle B + \angle C < 180°$

리만의 비유클리드 기하학

$\angle A + \angle B + \angle C > 180°$

〈그림 3-5〉 유클리드 기하와 비유클리드 기하

하지 않았다. 1829년 1월 27일자 편지 속에서 그 이유를 '베오티아 사람의 떠들썩함에 말려들어 가고 싶지 않기 때문이다'라고 적고 있다. 베오티아인이란 교양이 없다고 알려진 그리스의 백성을 말하며 가우스로서는 그러한 무리들의 수다스런 항의를 상대하지 않으면 안 되는 것이 고통으로 느껴졌을 것이다.

가우스가 이러한 식이었기 때문에 옛날의 친구의 아들로서 베오티아 사람이 기뻐할 만한 혈기왕성한 야노슈 볼리아이—하루에 열세 번이나 결투를 해서 연승한 일이 있는 인물이다—를 출세시키는 것 등 상상조차 못하였음에 틀림없었다.

한편 예의바르고 부지런한 사람이고 우수한 교육자이기도 하였던 —'나는 매우 나쁜 학생이었는데 학장(=로바체프스키)은 매우 친절하게 대해주셨습니다'라고 톨스토이가 이야기한—로바체프스키 쪽도 러시아, 프랑스, 독일의 3개 국어로 논문을 써서 자기의 발견에 대한 선전에 동분서주하였지만 생전에는 결국 누구로부터도 '새로운 기하학의 창시자'라고 칭송받는 일은 없었다.

제5공준을 별개의 명제로 바꿔 놓아도 모순은 일어나지 않는다!

수학자들이 이 발견을 알게 되는 것은 가우스가 1855년에 죽은 뒤 비유클리드 기하학에 관한 유고(遺稿)나 편지를 포함 하는 『가우스 전집』이 간행되면서부터의 일이었다. 그건 그렇다 하더라도 이론 전개의 난해성도 있어 수학계 전체가 일제히 관심이 높아진 것은 아니다. 일반적으로 알려지게 되는 것은 클라인(Klein)이나 푸앵카레가 유클리드 평면 속에 비유클리드 기하학의 '모델'을 제시한 이후의 일이라고 해도 좋을 것이다. 겨우 1870년대가 되어서의 일이다.

'모델'이란 어떤 이론의 논리구조를 구현한 수학적 대상을 말한다. 여기서는 유클리드 기하학의 제반 준비로 비유클리드 기하학의 관계를 나타낸 것으로 이해하기 바란다.

〈그림 3-4〉에서 보여 준 제5공준은 「일직선상에 있지 않는 점을 지나서 그 직선과 평행인 직선을 하나만 그을 수 있다」라는 보다 간결한 명제와 같은 값으로 된다(다만 이러한 것을 안 것은 18세기가 돼서부터인 것 같다. 그 이전의 사람은 제5공준을 오리지널 판의 번거로운 표현대로 생각하고 있었던 것일까!?).

이 징식화(定式化)로 말하면 가우스, 볼리아이, 로바체프스기의 비유클리드 기하학은 유클리드의 제5공준 대신에 「일직선상에 있지 않는 점을 지나서 그 직선과 평행한 직선이 두 개 이상-더 분명히 말하면 무한으로-존재한다」라는 명제를 공준(공리)으로서 채용한 기하학이라고 말할 수 있다. 같은 조건으로 그러한 평행선은 「1개도 존재하지 않는다」라는 명제를 채용하는 것도 가능해서 이렇게 해서 만들어지는 기하학이 1854년에 천재 리만(Riemann)이 가우스의 면전에서 행한 강연 속에서 그 존재를 시사한 또 하나의 형태의 비유클리드 기하학이다.

왜 가우스, 볼리아이, 로바체프스키가 같은 형태의 비유클리드 기하학으로 귀착하였는가, 그 이유는 리만의 기하학에서는 직선의 길이가 유한으로 되기 때문에 그것을 싫어한 때문은 아닌지 라고 추측할 수 있다.

이와 같이 해서 제5공준은 그 자체가 '절대적인 진리'를 나타내고 있는 것은 아니고 별개의 명제로 바꿔 놓아도 아무런 모순이 일어나지 않는다는 것이 밝혀졌다. 유클리드 기하학과 비유클리드 기하학과는 동등한 권리를 갖는 것이고 '모델'을 구성할 수 있는 것으로부터 알 수 있는 것처럼 유클리드 기하학에 잘못이 일어나지 않는 이상 비유클리드 기하학에서도 잘못은 일어나지 않는 것이 판명된 것이다.

역으로 말하면 제5공준은 나머지의 모든 공준과 공리로부터는 올바르다고도 잘못되어 있다고도 증명할 수 없다는 것이다. 이 점과 관련해서 어느 책 속에서 '이 문제는 괴델의 불완정성 정리로 불리는 정리에 의해서 공리에 바탕을 둔 논리체계의 모두에 대해서 말할 수 있다는 일반적인 정리에 의해 보기 좋게 증명되었다'라는 기술을 보았으나 이것은 잘못된 것이다. 제5공준이 다른 공리와는 '독립적'이라는 이야기뿐이고 그것 자체가 불완전성 정리에 의해서 '보기 좋게 증명됐다'라는 것은 아니 기 때문에 다짐을 하기 위해서 말해 둔다.

3. 점은 컵이라도 좋다!?

힐베르트의 '맥주조끼의 사상'

시몬느 드 보부아르(Simone de Beauvoir)의 자서전(自敍傳) 『여자의 한창 나이』 속에 사르트르(Sartre)의 현상학(現象學)과의 만남을 그린 인상 깊은 에피소드가 이야기되고 있다.

베를린에서 후설(Edmund Husserl)의 현상학을 공부해온 친구인 레이몽 아롱(Raymond Aron)이 파리에 귀성(歸省)하여 몽파르나스의 카페에서 사르트르들과 회식을 하고 있던 때의 일이다. 아롱은 자신의 와인글라스를 가리키면서 이렇게 말하였다.

이봐, 자네가 현상학자였다면 이 글라스에 대해서 이야기할 수 있는 거야. 그리고 그것이 철학인 것이야!

사르트르는 이때 감동해서 창백해졌다고 한다. 있는 그대로의 사물에 대해서 이야기하면서 그것이 그대로 철학적 진리로 된다는 것을 사르트르는 오랫동안 바라고 있었기 때문이다. 1932년 괴델이 불완전성 정리를 증명한 논문을 발표한 다음해의 일이었다.

새로운 철학의 방법과 개념을 제시해서 현대 사상에 다대한 영향을 미친 현상학의 원조(元祖) 에드문트 후설은 괴팅겐대학에서 활약하였다. 역시 괴팅겐대학의 수학교수였던 다비드 힐베르트는 후설과 같은 힉부(學部)의 '동료'에 해당된다.

같은 학부의 동료에 해당된다는 것도 당시의 괴팅겐대학에는 아직 독립된 수학교실이라고 하는 것이 존재하지 않고 다른 이과계의 학과와 마찬가지로 수학과도 지금으로 말하면 문학부에 해당하는 '철학부'에 속해 있었기 때문이다. 현대의 대학제도에 익숙해진 눈으로 보면 기이한 느낌도 받으나 수학자나 물리학자가 철학자, 역사학자, 언어학자, 고전학자들과 함께 있는 광경은 틀림없이 장관(壯觀)이었을 것이다. 학부의 총합화·통합화라고 하는 최근의 대학 개혁의 경향에는 일종의 '조상복귀'적인 면이 있었는지도 모른다.

그 힐베르트는 사르트르가 새로운 철학적 진리와 만나는 날부터 소급해서 40년 전의 1891년에 역시 글라스—여기는 독일이기 때문에 와인글라스가 아니고 맥주조끼이지만—를 눈앞에 두고 새로운 수학적 진리와 만나고 있다.

비유클리드 기하학의 발견은 유클리드의 『원론』 이래 기하학 위에 씌워진 '절대적 진리'의 왕관을 탈취해 버렸으나 그것은 역으로 말하면 기하학을 '절대적 진리'의 질곡(桎梏)으로부터 해방시키는 것이기도 했다. 실체라든가 현실성이라고 하는 '있는 그대로의 사물'에 구애됨이 없이 더 자유롭게 추상적인 시점(視點)에서 기하학의 대상을 보는 것이 가능하게 된 것이다.

그러한 관점에서 행해진 기하학의 강의와 토론에 출석하고 돌아

오는 길에 힐베르트는 베를린 역 근
처의 비어홀인가 어딘가에서 친구들
에게 다음과 같이 이야기했다고 전
해지고 있다.

점, 직선 그리고 평면이라고 말하
는 대신에 언제나 탁자, 의자 그리
고 맥주조끼라고 하는 것처럼 바꿔
말할 수 없으면 안 되는 것인데 말
이야.

이 발언은 직접적으로는 '점, 직
선 그리고 평면'이 구체적으로 이러

〈그림 3-6〉 다비드 힐베르트

이러하다고는 정의할 수 없는 '무정의술어(無定義術語)'라는 것을 선
구적으로 파악한 말이다.

그러나 그 뒤의 역사적 전개를 염두에 두고 되풀이 읽으면 실제
로는 더 넓고 심오한 사정(射程)을 가진, 와일(Weil)이 말하는 것처
럼 '(뒤에 출현하는) 공리주의(公理主義)의 입장을 한마디로 요약한
말'이었다고 볼 수도 있을 것이다.

사르트르는 아롱의 글라스(유리 술잔)와의 만남으로부터 8년 후인
1940년에 「상상력의 현상학적 심리학」이라는 부제(副題)를 갖는 『상
상력의 문제』를 간행하고 이것이 훗날의 주된 저서 『존재와 무』로의
선구적인 저작으로 되었다.

한편 힐베르트는 베를린 역에서의 맥주조끼와의 만남 이래 오랫
동안 기하학에 관해서는 침묵을 지키고 있었으나 역시 8년 후인
1899년 갑자기 '맥주조끼의 사상'를 이것 이상으로 바랄 수 없을
만큼 완벽한 형태로 전개한 한 권의 책을 간행하였다. 힐베르트의
저작 중에서 가장 널리 읽히고 세계 속의 독자를 감동시켜 창백하게

만든 『기하학의 기초』가 그것이다.

제1의 포인트—무정의 술어

그러면 8년간의 숙성기간을 거쳐 『기하학의 기초』로 결실(結實)된 힐베르트의 '맥주조끼의 사상'이란 구체적으로 어떠한 것이었을까? 자세한 기술적인 문제에는 깊이 들어가지 않기로 하고 여기서는 이야기를 세 가지 포인트로 압축해서 그 기본적 발상을 보자.

제1의 포인트는 이미 언급한 것처럼 점, 직선, 평면 등의 '정의' 그 자체에는 '현실적 의미는 아무것도 없다'라는 것이다. 요는 각각 구별할 수 있는 세 가지 종류의 상이한 것의 시스템이 있으면 그것으로 충분하다.

즉 제1의 시스템을 구성하고 있는 것을 '점'이라고 부르든 '탁자'라고 부르든 수학적으로는 아무런 변화가 없다. 마찬가지로 제2, 제3의 시스템의 요소는 '직선', '평면'이라고 부르는 대신에 '의자', '맥주조끼'라고 바꿔 말할 수 있다.

그러나 『원론』의 '정의'나 '공준', '공리' 중에는 이들의 대상물을 나타내는 말뿐만 아니고 그들 대상물 사이의 관계를 보여준 말도 나온다. 예컨대 이렇다.

정의4 직선이란 그 위에 있는 점이 한결같이 가로놓인 선이다.

이러한 '……위에 있는'이라든가 '……과 ……의 사이에 있는' 또는 '한결같이(연속으로)', '합동' 등이라고 하는 대상물 사이의 관계를 가리키는 말도 수학적으로 추궁해서 생각해 보면 반드시 자의(字義)대로의 의미를 가질 필요는 없다. 다만 그 관계의 정합성(整合性)만 보증되어 있으면 그것으로 괜찮은 것이다.

그래서 힐베르트는 기하학의 대상물과 그 관계는 모두 정의를 요구하지 않는다고 생각해서 '무정의 술어'라고 불렀다. 무정의 술어로 보여 주는 대상물이 '무정의 요소' 또는 '무정의 원(元)' 그들 무정의 요소 사이의 관계를 가리키는 것이 '무정의 관계'이다.

이 발상의 전환이 어떠한 사태를 가리키고 있는가 하는 것은 구체적으로 명칭을 바꿔서 『원론』을 고쳐 읽어 보면 잘 알게 된다.

예컨대 '점', '직선', '평면' 대신에 '탁자', '의자', '맥주조끼'로, '……위에 있는'의 대신에 '……의 손자인'으로, '(직선)을 긋는 것'의 대신에 '(의자)를 부수는 것'이라고 부르기로 하고 원래의 '정의'나 '공준'을 바꿔 읽어 보자(『원론』에는 '평면'이 아니고 '면'이 먼저 있기 때문에 이것을 일단 단순히 '조끼'라고 바꿔 불러 둔다).

정의7 평면이란 그 위에 있는 직선이 한결같이 가로놓인 면이다.
(바꿔 읽기) 맥주조끼란 그 손자인 의자가 한결같이 가로 놓인 조끼이다.

공준1 임의의 점에서 임의의 점으로 직선을 그을 수 있다.
(바꿔 읽기) 임의의 탁자에서 임의의 탁자로 의자를 부술 수 있다.

무슨 말인지 의미 불명이고 이미지가 솟아나지 않지만 이러한 주장에 따라서 '탁자', '의자', '맥주조끼' 및 그들의 관계를 보여 주는 여러 가지 말, 그러한 일련의 기본 용어의 관계가 규정된다. 즉 무정의술어는 처음부터 무엇인가로 '있다'는 것은 아니고 그들 사이의 관계가 규정됨으로써 또 그것에 의해서만 그 기능적 의미가 결정되어 수학적 존재로 '된다'라는 것이다. 이 의미생성을 규정하는 조건의 조(組)는 유클리드를 본떠서 '공리계'라고 부른다.

앞에서의 예에서는 우리들의 바꿔 읽음은 『원론』의 직역(直譯)으로 되어 있었다. 이러한 직역에 의해서 바꿔 읽음이 시종 일관된 형태로 행해지는 한 우리들의 표현에서 아무리 우스운 정리나 증명이 튀어나온다 하더라도 그것들은 『원론』의 기하학과 같은 정도의 수학적 내용을 갖는 것으로 되는 것이다.

그러나 너무 엉뚱한 명명으로는 안정성이 없기 때문에 『기하학의 기초』에서는 '점', '직선', '평면', '결합한다', '……의 사이에 있다', '합동' 등의 매우 전통적인 무정의 술어가 채용되어 있다.

제2의 포인트─공리는 바꿔 놓을 수 있다

그러면 제2의 포인트로 옮기자.

다시 한 번 비유클리드 기하학의 발견에 대해서 회상해 보면 그 참된 의의는 기하학의 내용이 공리계에 의존하고 있다는 사실을 과감하게 나타내 보인 점에 있었다고 할 수 있다. 「평행선의 공리」라고 하는 단 하나의 공리를 변경하는 것으로써 로바체프스키의 비유클리드 기하학과 리만의 비유클리드 기하학이라고 하는 복수의 기하학이 출현한 것이었다.

그러나 사람들은 이 사실이야말로 인정은 하였으되 이러한 것이 실은 유클리드의 다른 여러 공리에 대해서도 전혀 마찬가지로 성립한다는 인식에까지는 여간해서 이르지 않았다. 「평행선의 공리」는 역사적으로 말해도 특별한 공리라고 판단되어 왔기 때문일 것이다.

이 점을 비길 데 없는 투철한 눈으로 간파하고 공리 자체에도 또한 직관적 의미는 없으며 따라서 얼마든지 바꿔 놓을 수 있다는 관점에서 기하학을 재구성해서 보여 준 것이 힐베르트이자 그 『기하학의 기초』였던 것이다. 힐베르트는 「결합의 공리」, 「순서의 공리」, 「합동의 공리」, 「평행의 공리」, 「연속의 공리」라고 부르는 다섯 가지의 공리계를 채용해서 유클리드 기하학을 『원론』의 애매성으로부터 해방시켜 완벽하게 명석판명 한 것으로 부활시켰다.

제3의 포인트—공리계에는 세 가지의 판정 기준이 있다

여기서 세 번째의 포인트가 문제가 된다. 만일 공리계가 전적으로 자유롭게 선택될 수 있다면 기하학은 수없이 가능하여 엉터리 기하학이 세상에 창궐하고 있어도 이상하지 않을 것이다. 그런데 정말 연구할 가치가 있는, 의의가 있는 기하학은 손가락으로 꼽을 정도밖에는 존재하지 않는다. 기하학의 '무정부상태'는 왜 출현하지 않았던 것일까?

힐베르트는 이 질문에 대해서 공리계 그 자체의 내부 구조를 특징지음으로써 대답했다. 즉 공리계의 옳고 그름을 판정하는 데에는 '완전성', '독립성', '무모순성'의 세 가지 판정기준이 있어 이들 기준을 충족시킨 공리계만이 참으로 의의 있는 기하학의 기초로 될 수 있다는 것이다. 세 가지 판정기준은 간단히 말하면 다음과 같은 것이다.

완전성 모든 정리가 그 공리계에서 얻어질 것.
독립성 그 공리계에서 임의로 1개의 명제를 제외시킨, 경우 이미 증명 불가능하게 되는 정리가 존재할 것.
무모순성 그 공리계로부터 서로 모순되는 여러 정리를 증명하는 것이 불가능할 것.

제1장에서 사상(寫像)에 대한 이야기를 했는데 사상의 말로 표현하면 완전성은 말하자면 공리계와 그 논리적 귀결의 집합으로부터 증명 가능한 정리의 집합으로의 전사를, 독립성은 단사를 나타내고

있다고 해석할 수 있다. 그리고 무모순성은 무릇 그러한 사상이 정의될 수 있다는 것에 대한 보증을 부여하는 것이다.

수학에서는 이론의 무모순성이야말로 중요하다

이와 같이 세 가지의 특징부여 중에서는 무모순성이 가장 기본적이고 중요한 개념이라고 말할 수 있는 것이다. 힐베르트의 저명한 전기를 지은 콘스탄스 리드 여사는 이 짐에 대해서 이렇게 해설하고 있다.

수학적 이론이란 어떤 임의로 선택된 명제의 집합—그들의 진실성 또는 의미에는 전적으로 구애됨이 없이 선택할 수 있는 것이나—과 그들로부터 연역적으로 얻어지는 정리의 시스템이라는 새로운 사고방식 하에서는 이 이론의 무모순성의 개념만이 이론의 직관적 진실성이라고 하는 개념으로 바뀔 수 있는 것으로서였다.

리드가 말하는 것처럼 이것은 확실히 '새로운 사고방법'이다. 한때 유클리드 기하학은 『원론』의 무류성(無謬性)의 근거를 그 자체의 직관적 진실성을 빌어 나타내고 있었다. 기하학의 내부에서 진위가 추궁되는 일은 있어도 기하학 그 자체를 보다 높은 입장에서 바라본다고 하는 관점은 없었던 것이다. 힐베르트의 '맥주조끼의 사상'은 초수준(메타레벨)의 관점을 가능케 하였다. 그리고 이 관점으로부터 형식주의가 출현하고 힐베르트의 프로그램이 탄생되며 괴델 등장의 무대가 형성되게 된다.

『기하학의 기초』의 성과에 대해서 조금 더 언급해 두자. 클라인이나 푸앵카레에 의한 비유클리드 기하학의 유클리드 평면 내에서의 모델의 구성은 비유클리드 기하학이 모순을 포함한다면 유클리드 기하학도 모순을 포함한다는 것을 보여주었다. 바꿔 말하면 비유클리드 기하학과 유클리드 기하학은 같은 정도의 무모순성을 갖고 있었다는 것이다.

힐베르트는 『기하학의 기초』에 의거 다시 한걸음 나아가 그 모델을 실수를 사용해서 만드는 것에 성공하였다. 즉 유클리드 기하학도 비유클리드 기하학도 실수론과 같은 정도의 무모순성을 갖는 것을 보여 준 셈이다. 또한 공리 중의 한 가지만은 충족하지 않으나 다른 공리는 모두 충족하는 모델을 만듦으로써 이 공리계의 독립성도 증명하고 있다.

새로운 '신학(神學)'의 빛남

힐베르트는 한때 '고르단의 문제'라고 부르는 불변식론(不變式論)의 어려운 문제를 현대 수학적인 존재 증명이라고 하는 당시로서는 획기적인 방법으로 멋지게 풀어서 일류 수학자로서의 데뷔를 장식하고 있다. 이 문제에 그 이름을 남긴 파울 고르단은 수학자의 사이에서는 '불변식론의 왕'으로서 알려져 있었으나 그 수법은 계산에 의존하는 전통적인 것이었기 때문에 힐베르트의 해법을 보고 갑자기 그 올바름이 믿어지지 않아 이렇게 한탄했다고 한다.

이것은 수학이 아니다. 신학이다!

『기하학의 기초』는 기하학의 분야에서의 이 드라마의 재현이고 새로운 '신학'의 등장이었다고 말해도 괜찮을지 모른다. 여신 아테나(Athena)가 최고신 제우스(Zeus)의 머리에서 무장한 채로 탄생한 것처럼 유클리드 기하학은 『원론』의 2300년의 '미수(微恙)'로부터 잠이 깨어 힐베르트의 머리에서 무장한 채로 즉 완벽한 모습으로 태어난 것이다.

헤르만 와일은 이 문서에서 얻은 강렬한 인상에 대해서 다음과 같이 회상하고 있다.

전적으로 의도적으로 힐베르트는 유클리드의 전통에 따르고 세 종류의 무정의(無定義)개념, 점, 직선, 평면과 그들 사이의 결합과 순서의 관계, 선분과 각의 합동관계로부터 출발하였다. 이 입장 때문에 그이의 문서는 독특한 매력을 갖게 되었다. 그이의 문서를 펴서 읽을 때 우리들이 거기서 발견하는 것은 마치 충분히 알아버린 사람의 얼굴(=유클리드의 『원론』을 말함)이면서 그러나 신처럼 변모한 그 모습인 것이다.

수학의 '진리'는 바야흐로 새로운 '신학'의 빛 아래서 볼 수 있게 되었다. 그러나 마침 그때쯤 수학이라고 하는 신의 존재 근거 바로 그것이 의심되기 시작하고 있었던 것은 앞장에서 말한 대로이다. 이 신학은 닥쳐오는 위기에 어떻게 대응하였던 것일까? 다음 장에서는 수학의 '천년 왕국'을 구원하기 위해 일어선 '십자군'의 각파의 움직임을 소개하고 괴델이라고 하는, 철학으로 말하면 니체(Nietzsche)와도 비교할 만한, '신의 사망 선고인'의 등장을 기다린다.

4. 수학이란 무엇인가?

1. 「수학의 위기」는 회피할 수 있는가?

공리주의—현대 수학의 올바른 모티프

힐베르트의 『기하학의 기초』는 간행된 지 수개월 내에 금방 세계의 수학자와 수학 애호가 사이에서 베스트셀러가 되었다. 거기서 보여 준 방법은 '공리화'라든가 '공리주의'라고 부르고 있으나 이 책은 현대 수학의 탄생을 알리는 기념비적 저작이라고 일컬어지고 있다. 이렇게 말하는 것도 그 뒤의 현대 수학은 이미 대상 그 자체의 의미를 묻거나 그 절대적인 진리성을 신봉하는 일 없이 수학을 말하자면 순수하게 논리적인 게임으로 간주해서 그 게임의 룰(約束事)인 공리계의 추상적인 구성에만 의거한 수학의 재구축과 새로운 탐구의 길을 걷기 시작하게 되었기 때문이다. 이것이 다름 아닌 공리주의의 입장 바로 그것이다. 훗날 러셀은 약간의 빈정거림을 섞어 이렇게 말하고 있다.

현대 수학이란 무엇에 대해서 이야기하고 있는 것인지 또 이야기 하고 있는 것이 진실인지 아닌지를 모르는 학문이다.

그런데 기하학의 공리라면 알 수 있으나—'공리'란 원래 『원론』에 유래한 말이기 때문에—기하학 이외의 수학 이론, 예컨대 산술의 공리라든가 공리화라고 하는 말의 의미가 지금 단박에 느껴지지 않는다는 사람이 많을지도 모른다.

1) $0 \in N$

2) $x \in N$이면 $x' \in N$

3) $x \in N$이면 $x' \neq 0$

4) $x' = y' (x, y \in N)$이면 $x = y$

5) i) 0이 어떤 P를 충족시킨다

   ii) x가 P를 충족시킨다면 x'도 P를 충족시킨다

   i)과 ii)가 싱립되면 모든 $x(\in N)$이 P를 충족시킨다(수학적 귀납법의 공리)

⟨그림 4-1⟩ 산술(자연수론)의 공리계

간단히 설명하고자 산술을 예로 들면 산술을 산술답게 하고 있는 개개의 룰(규칙)이 '공리'이고 그것들의 규칙의 1세트(Set)가 '공리계', 그리고 다른 일체의 전제에 의존함이 없이 공리계만으로부터 모든 정리를 유도해 내려고 하는 방법이 '공리화'라고 하는 것이다.

예컨대 산술, 즉 자연수론의 공리계는 ⟨그림 4-1⟩처럼 된다(이것이 후술 하는「페아노의 공리계」이다). 여기서는 '후자(後者)'라 부르고 실제로는 다름 아닌 x+1 바로 그것이다. 그와 같이 바꿔 읽으면 이들 다섯 개의 공리는 별것 아닌 자연수의 기본적 성질을 추출한 것으로 되어 있다.

그러나 '보는 방법'은 180도 역전되어 있어 처음부터 자연수인 것의 실재성을 전제로 하는 것은 아니고 이들의 기본적 성질에만 의존해서 기본적 성질이 갖는 규칙만으로부터 모든 정리를 유도해 냄으로써 수학적 대상으로서의 자연수를 추상적으로 재구성하려고 하는 입장이 공리화인 것이다.

기호화(記號化)되어 버리면 자못 무미건조하고 멋이 없는 느낌이 들고 실제, 기호 그 자체는 아무런 의미도 없고(무미무취!) 룰(규칙)만이 현실인 것이나 그 대신 어떠한 정리도 그 성립되는 근거가 명

백해지고 한 점의 애매성도 없어지는 것이 공리화의 장점인 것이다. 여기서는 산술을 예로 들었으나 다른 수학 이론에 대해서도 전혀 마찬가지로 해서 공리화를 행할 수 있다.

그런데 『기하학의 기초』가 강력히 내세운 공리주의의 '선언(매니페스트)'에 의해서 2300년 간 수학자의 세계에 군림해 온 『원론』의 신은 죽은 것이다. 덧붙여 말하면 이 책의 간행은 1899년인데 소급해서 꼭 10년 전인 1889년 1월 3일 '신은 죽었다'라고 선고하여 니힐리즘(Nihilism)의 도래를 예언한 세기말의 철학자 프리드리히 빌헬름 니체가 발광(發狂)을 하고 있다. 북이탈리아의 도시 토리노에 체재 중 길거리에서 말이 채찍질 당하는 것을 보고 광기(狂氣)에 빠져 버린 것이다.

모세(Moses)는 이스라엘의 백성을 이교(異敎)의 신들이 통치하는 이집트의 땅으로부터 탈출시켰다. 힐베르트는 허위의 진리성에 안주(安住) 하고 있던 '수학의 백성'을 깨닫게 하여 '광야(嚝野)'로 인도한 현대의 예언자였다고 말할 수 있을지도 모른다. 그리고 '광야'에는 확실히 「수학의 위기」라고 하는 시련과 니힐리즘이 기다리고 있었다. 그러나 참된 의미에서의 수학의 죽음을 선고하는 젊은 메시아(괴델)의 등장까지에는 아직 30년의 세월이 필요하였다. 우선 우리들도 힐베르트에 의한 '출(出)이집트'의 시점에까지 이야기를 되돌리기로 하자.

힐베르트의 예언─미해결 문제를 통해서 새로운 땅으로!

공리주의의 모범이 되는 『기하학의 기초』를 간행한 다음해에 힐베르트는 현대 수학이 나아가야 할 길을 보여 준 '십계(十誡)'를 수학의 백성 앞에 내세운다. 1900년 8월 8일 파리에서 개최되고 있던 제2회 국제수학자회의의 초청강연에서 제시한 23개의 미해결 문제가 그것이다.

예언자의 목소리에 잠시 귀를 기울여 보자.

미래가 스스로를 그 그늘에 감추고 있는 베일을 걷어 우리들의 과학이 나아갈 방향과 다가올 세기(世紀) 속에서 볼 수 있을 그 발전의 비밀에 대해서 슬쩍 훔쳐볼 것을 바라지 않는 사람이 있을까? 다가올 세대의 지도적 수학 정신이 지향해야 할 구체적 목표로서 어떠한 것이 있는 것인가? 새로운 세기가 넓고 풍부한 수학적 사상의 '광야'를 앞에 두고 거듭 어떠한 새로운 방법과 사실에 관해서 문을 열 것인가? (중략)

만일 우리들이 바로 가까운 미래의 수학적 지식의 발전이 어떠한 것으로 있을 법한가에 대해서 알기를 바란다면 우리들은 미해결된 여러 문제에 대해서 바라보고 게다가 오늘날의 과학이 스스로 부과하고 있고 그들의 해결이 미래에 있어서 기대되고 있는 여러 문제에 대해서 관찰하지 않으면 안된다. 그러한 여러 문제에 대한 검토를 행하는 날로서 두 개의 세기가 서로 마주보는 이 날이야말로 적당하다고 나는 생각한다. 왜냐하면 위대한 시대가 막을 내림에 있어서 우리들은 단지 과거를 되돌아보는 것만은 아니고 미지의 미래에 대한 전망도 또한 알고 싶다고 바라는 것이 당연하기 때문이다.

이러한 관점에서 수학의 새로운 시대를 개척하는 중심적인 연구 테마로서 선정된 23개의 미해결된 문제 중 제일 먼저 내세운 것이 앞에서도 언급한 칸토어의 '연속체 가설'이었다. 그리고 두 번째로는 『기하학의 기초』로부터 직접 유도되는 발전문제로서 '산술의 공리계의 무모순성에 대한 증명'을 내세웠다.

『기하학의 기초』에 의해서 유클리드 기하학은 완전히 공리화 되어 다시 태어나고 그 무모순성은 실수론의 무모순성으로 귀착될 수 있다는 것을 보여주었다. 그리고 당시는 누구 한 사람 실수론의 무모순성에 의심을 품는 사람은 없었다. 왜냐하면 실수론의 기초에는 산술의 이론, 즉 자연 수론이 있으나 자연수는 크로네커에 따르면 '신이 창조하여 주신 것'이었기 때문이다.

산술의 무모순성은 증명될 수 있는가, 그것이 문제다!

그러나 공리주의를 철저히 알리는 것이라면 산술의 이론도 공리화 되지 않으면 안 되는 것이고 그 공리계의 무모순성도 수학적으로 증명되지 않으면 안 된다. 만일 그렇지 않다면 즉 "만일 어떤 개념으로부터 서로 모순되는 명제가 유도되는 것이라면 그러한 개념은 수학적으로는 실재(實在)하지 않는"(힐베르트) 것으로 되어 버리기 때문이다.

이러한 것은 현대 수학이란 무엇인가를 생각함에 있어서 매우 중요한 사항이기 때문에 조금 설명을 보충해 둔다. 논리학의 약속의 하나로서 전제(前提)가 '허위'이면 거기서부터 유도할 수 있는 귀결은 모두 '진실'이라는 약속이 있다.

예컨대 숨은 명저서, 데라사카 히데다카(寺阪英孝) 편 『현대 수학 소사전』(BLUE BACKS)에는 다음과 같은 예문(例文)과 논평이 실려 있다.

"자네가 천재라면 나는 나폴레옹의 어머니야."

이 발언자는 자기가 올바른 것을 말하고 있다고 생각하고 있다. 그리고 자기가 나폴레옹의 어머니가 아니라는 것도 알고 있다. 그러므로 전체의 주장이 진실이기 위해서는 '자네가 천재'라는 명제가 허위이지 않으면 안 된다. 상대방이 주장하고 싶은 말 p를 강하게 부정하려고 할 때 절대로 진실이 될 수 없는 가급적 엉뚱한 주장 q를 갖고 와서 "p라면 q다"라고 말대꾸하는 것은 흔히 볼 수 있는 발상이다.

만일 어떤 공리계로부터 'A이다'라는 것과 'A가 아니다'라는 것이 함께 유도될 수 있는 것으로 보자. 즉 공리계가 무모순이 아니라고 가정해 보는 것이다. 그러면

A ∧ (∠A)　　(A이고 동시에 A가 아니다)

라고 하는 이 명제는 항상 '허위'로 되기 때문에 이 명제를 전제로 하면 어떠한 주장도 '진실'이 된다. 아무거나 말할 수 있다는 것은 아무것도 말하고 있지 않다는 것과 같다. 요컨대 수학은 전적으로 일관성이 없는 '허튼 소리'로 법석을 떠는 무의미한 원더랜드(Wonder Land)로 되어 버리는 것이다.

수학 이론의 대전제가 되는 공리계가 무모순이 아니면 안 되는 이유도 여기에 있다. 그리고 무모순의 공리계로부터 유도된 결과를 앞에 두고 비로소 우리들은 '그것은 수학적으로 실재한다'라고 안심하고 말할 수 있는 것이다. 역으로 말하면 그것 이외에는 추상화된 수학적 대상의 '실재성'을 보증하는 것은 아무것도 없다. 이 '위험성'은 수학이 스스로를 엄밀히 재구축하였기 때문에 생긴 대가(代價)이기도 하다.

지금 문제로 삼고 있는 산술의 공리화에 대한 첫 시도는 이탈리아의 수학자 페아노의 손에 의해서 이미 1889년에 이루어져 있었다(〈그림 4-1〉 참조). 페아노는 스스로의 공리계의 진리성에 아무런 의심도 갖고 있지 않았던 것 같다. 유클리드의 『원론』에 대해서와 마찬가지로 자명한 진리로 간주되어 있던 진리성을 일단 '괄호로 묶어' 그 무모순성을 예리하게 추궁한 곳에 힐베르트의 면모가 생생하게 드러나는 것이 있었던 것이다.

이 문제의식은 일체의 기성개념을 '괄호로 묶어'서 사물의 본질을

파악하기 위해 '사상(事象) 바로 그것으로' 돌아가는 것을 슬로건 (Slogan)으로 한 후설의 '현상학적 환원'이라고 부르는 철학적 방법과 일맥상통하는 것이 있는지도 모른다.

어떻든 만일 산술의 공리계가 무모순이 아니라고 하는 것이라도 된다면 이것은 큰일이다. 토대(土臺)에 '균열'이 가는 것이기 때문에 그 위에 구축된 전체 수학이 그 '실재성'을 추궁당하고 의심스러운 것으로 된다. 그리고 산술이 넘어지면 실수론이 넘어지고 실수론이 넘어지면 유클리드 기하학도 비유클리드 기하학도 넘어져 결국 수학 전체가 모두 넘어지게 될지도 모른다.

그래서 이 힐베르트의 제2문제는 결코 자명한 것은 아니고 그것이야말로 20세기의 수학자가 해결하지 않으면 안 되는 참으로 의의(意義)가 있는 화급한 연구 테마였던 것이다.

힐베르트의 낙관—수학에 불가지는 존재하지 않는다!

의표(意表)를 찌르는 문제의 제시에 누구보다도 기뻐한 것은 힐베르트의 '죽마고우' 헤르만 민코프스키였다. 강연의 내용을 사전에 통지받은 민코프스키는 이렇게 편지를 써 보내고 있다.

미래를 위한 문제로서 수학자들이 세계의 개벽 이래 완전히 자명한 것으로 믿고 있던 산술의 공리를 내세운 것은 매우 독창적인 것입니다. 청중 속의 많은 비전문가들은 무엇이라고 말할 것인가요? 철학자들도 성가겠지요!

힐베르트가 제시한 23개의 문제는 최초의 두 가지 문제로도 알수 있는 것처럼 어느 것도 '초(超)'가 붙는 난문(難問) 투성이었다. 그러나 힐베르트 자신은 그 해결에 관해서 상당히 낙관적인 전망을 갖고 있었던 것 같다. 그러한 것은 이 강연 속에서 가장 유명하게 된 다음과 같은 '결의표명'으로부터도 알 수 있다.

이들의 여러 문제가 아무리 접근하기 어렵게 보여도 또한 이들의 여러 문제를 앞에 두고 우리들이 아무리 무력해도 우리들은 이들의 문제는 유한의 순수하게 논리적인 과정에 의해 해결될 수 있다고 하는 굳은 신념을 품는다. (중략) 이 모든 수학적 문제가 해결가능하다고 하는 확신은 연구자에 있어서 강력한 지주(支柱)이다. 우리들은 우리들 안에서 끊임없이 부르는 소리를 듣는다―여기에 문제가 있다. 그 해답을 찾아라. 순수이성에 의해서 해답은 발견될 것이다. 왜냐하면 수학에는 불가지(不可知)는 존재하지 않기 때문이다.

여기서 '유한의 순수하게 논리적인 과정에 의해서'라고 하는 조금 낯익지 않은 표현이 나온다. 이것은 뒤에 형식주의의 '유한의 입장'이라고 부르는 중요한 사상에 연결되는 맹아적(萌芽的)인 아이디어이다. 이 점에 대해서는 뒤에 다시 언급한다.

강연의 맺는말도 인상적이다.

수학이 그 숭고한 목적을 완전히 달성할 수 있기 위해 신세기(新世紀)가 그 재능이 풍부한 예언자들과 수많은 성실하고 열렬한 마음을 가진 사도(使徒)들을 낳을 것을!

「러셀의 패러독스」가 있어도 길은 있다

이러한 사상을 갖고 있었던 만큼 그로부터 4년 뒤인 1904년에 간행된 프레게의 책의 부록에서 「러셀의 패러독스」가 소개되어 세상에 널리 알려졌을 때의 힐베르트의 놀라움은 자못 컸었음에 틀림없다.

힐베르트는 이 사실을 괴팅겐대학에서 강사로 지내고 있던 에른

스트 체르멜로(Ernst Zermelo)로부터 통지받았다. 체르멜로는 뒤에 집합론을 공리화한 「공리적 집합론」의 최초의 주연(主演)이 되는 인물이다.

중대한 패러독스의 출현에 대한 힐베르트의 반격은 재빨라서 이 해(1904) 여름이 끝날 무렵 하이델베르크에서 개최된 제3회 국제수학자회의에서의 강연에서 곧 그는 '수학의 백성'이 나아갈 길을 지시하고 있다. 즉 산술과 그것이 가끔 그 일부로 생각되어 온 논리학의 기초를 다시 추궁할 필요가 있다는 것, 그리고 산술이나 논리학의 내부에서의 증명(종전의 의미에서의 '증명')은 아니고 그 자체의 무모순성에 대한 외부로부터의 그 이론을 '초월한' 입장에서의 '증명'〔말하자면 '초(超)증명'〕을 수학적인 연구 테마로 해야 할 것을 주장하였다.

공리주의적인 방법으로 산술과 논리학의 이론을 동시에 발전시켜 그들의 '엄밀하고 완전하게 만족할 수 있는 기초 부여'가 주어진다면 수학은 모든 곤란을 극복해서 계속 전진할 것이라는, 힐베르트의 신념과 불퇴전(不退轉)의 결의가 여기에는 표명되어 있다. 형식주의'라든가 '초수학' 또는 '증명론'이라고 부르는 일련의 사상의 원형(原型)을 여기에 선구적으로 보여 주고 있다고 해도 될 것이다.

'강적(強敵)' 직관주의와 논리주의의 등장

1908년, 이 해는 체르멜로가 패러독스라고 하는 '악취(惡臭)'의 발생을 근본적으로 단절해야 할 이른바 수학이라는 이름의 가옥(家屋)의 토대인 집합론의 '개수공사(改修工事)'에 착수하고 그 공리화의 최초의 시도인 『집합의 기초에 대한 연구 Ⅰ』을 발표해서 「수학의 위기」 회피로 향해서 커다란 첫걸음을 내디딘 해였으나 한편에서는 수학의 근간을 다시 뒤흔드는 논문이 발표된 해이기도 하였다.

전년에 배중률의 한계에 관한 연구로 학위를 갓 취득한 암스테르담 대학의 무명의 개인강사 브라우어르가 「논리학의 원리에 대한 불신」이라는 제목의 논문에서 수학 이념의 근본적인 재검토에 다가선 것이다.

이것은 힐베르트의 주지(主知)주의적인 수학의 이념과 정면에서 대립하는 사상으로 브라우어르는 스스로의 입징을 1912년의 논문에서 '직관(直觀)주의'라고 명명하였다.

같온 1908년 「수학의 위기」를 야기시키는 계기가 된 「러셀의 패러독스」의 입안자인 러셀도 패러독스 회피의 확정적 근거를 위한 '형의 이론(타입 이론)'을 제창. 1910년에서 1913년에 걸쳐서 선배이기도 하고 동료이기도 했던 화이트헤드와 공저로 『프린키피아 마테마티카(수학원리)』 전3권을 간행해서 '논리주의'라고 부르는 입장을 내세웠다.

이리하여 「수학의 위기」에서 발단한 수학의 기초에 대한 재검토와 그 재건을 위한 프로그램을 둘러싼 주류(主流) 3파가 1910년대의 중반까지 전원 모인 것이다. 독일의 힐베르트가 제창하는 형식주의냐, 네덜란드의 브라우어르가 주장하는 직관주의냐, 또는 영국의 러셀 등이 진행시키는 논리주의냐.

1920년대는 독일, 네덜란드, 영국에 거점을 둔 3파(派)가 당파투쟁을 전개해서 1931년의 괴델이 등장하는 무대에 화려한 첫 출연을 하는 것인데 다음에 각파가 주장하는 내용을 소개하면서 논쟁의 경위를 추적해 가기로 하자.

2. 논리주의의 한계

「수학의 위기」는 어떻게 해서 회피되어야 하는가, 아니 그것 이상으로 '수학이란 무엇인가'라는 수학의 이념에 대한 질문을 둘러싸고 형식주의, 직관주의, 논리주의의 3파가 깃발을 들었다. 1920년대의 수학계는 이 3파가 각각의 방법으로 수학의 재건을 지향한 소위 '삼국시대'의 양상을 띤다. 특히 형식주의와 직관주의는 서로 패권을 주장해서 양보하지 않고 여러 가지 드라마가 탄생하였다. 『삼국지』에 비유하면 형식주의가 위(魏), 직관주의가 촉(蜀)이라고나 할까.

그래서 다음절에서는 형식주의와 엄격하게 대립한 직관주의의 주장에 대해서 상세하게 관찰해 가려고 생각하나 그에 앞서 논리주의에 대해서도 간략하게 언급해 둔다.

「형(타입) 이론」으로 패러독스를 억제한다?

논리주의의 주장은 러셀이 1908년에 발표한 「형 이론(타입 이론)」에 선명하게 나타나 있다. 그 기본은 여러 가지 논리적인 구별이나 제약을 설정해서 패러독스의 발생을 억제하려고 하는 발상이다.

먼저 그는 모든 명제를 같은 수준에서 취급하는 것을 중지하고 '계(階)'라는 개념을 도입한다. 구체적으로는 어떤 명제를 1계라고 하면 그것에 대한 명제는 2계의 명제로서 구별한다는 방법으로 패러독스의 회피가 시도되고 있는 것이다.

예컨대 「거짓말쟁이의 패러독스」를 예로 들면

"'나는 거짓말쟁이다'라고 내가 말했다"라고 할 때 '……' 속의 표명과 '……'에 대한 표명과를 별개의 것으로 보려고 하는 것이다. 이러한 두 가지 방안을 갖고 대처하는 해석을 채택하면 '나'가 정직한 사람이건 거짓말쟁이건 그것이 발언 내용에 직접 관계되어 오는 일은 없다. 스스로의 조심성 없는 발언이 원인이 돼서 꼬리를 무는 것과 같은 사태에 빠져드는 패러독스가 이것으로 회피될 수 있는 것이다.

이러한 것은 비유를 해 보면 2층집을 바로 위에서 내려다본 평면

도를 겹쳐서 보면 무언가 원고리 모양을 한 설명 불가능하고 기묘한 것이 있었으나 입체적으로 보면 실은 나선상으로 1층과 2층을 연결한 '계단'에 불과했다라고 하는 것과 같은 것이다.

패러독스의 많은 것은 지금의 「거짓말쟁이의 패러독스」처럼 '자기 언급적' 즉 자기 자신에 대해서 언급한 것이 대부분이기 때문에 이 구별은 악순환을 단절하는 데에 당면의 유효책(有効策)으로 생각되었다.

더욱이 러셀 자신의 패러독스에 대해서 말하면 집합의 요소를 정의하는 데에 그 집합 자신의 성질을 사용하는 점에 어려움이 있었다. 이것도 일종의 자기 언급성이지만 이러한 것을 최초로 명확히 지적한 것은 프랑스의 대수학자 앙리 푸앵카레였다. 그는 자기 언급적인 정의를 '비술어적 정의'라 부르고 이러한 정의의 금지를 제안하고 있다.

러셀도 이 제안에 동조해서 어떤 계(階)의 전체를 사용하지 않고 정의할 수 있는 성질과 그렇지 않은 성질과의 사이에 '급(級)'의 구별을 설정하고 있다.

이러한 계나 급의 복잡한 계층 관계에 의해서 수학의 재구축을 도모한 저서가 화이트헤드와의 공저 『프린키피아 마테마티카』였다. 그들은 원래 영국의 기호 논리학에서 출발하고 있는 일도 있어 수학은 논리학의 하나의 분야가 아니면 안 된다고 생각하고 있었다. "논리학은 수학의 청년시대이고 수학은 논리학의 장년시대이다"(러셀)라는 것이다.

결정적인 난점

그래서 전3권을 합치면 2,000페이지나 되는 이 큰 저서에서는 논리학에서 출발해서 자연수, 실수, 기하학을 순차로 논리적으로 구성해 간다는 방법을 채택하고 있다. 다만 이 방법은 매우 복잡한 절차가 필요한데다가 실제로 수학자가 나날이 상대하고 있는 현실의 수학 바로 그것까지는 능숙하게 구성할 수 없다고 하는 결정적인 난점(難點)을 갖고 있었다. 무슨 이야기인가 하면 이 점에 관해서 수학 기초론의 히로세 켄(廣瀬健), 와세다대학 교수는 다음과 같이 지적하고 있다.

논리주의에서는 '무한'을 직접 취급하지는 않는다. 이에 반해서 수학은 '무한의 학문'이라고 하는 성격을 갖고 있다. 이 때문에 논리주의에서는 '환원의 공리'나 '무한의 공리' 등 논리 이외의 공리, 약간 인공적인 공리를 두지 않을 수 없었다. 수학을 논리학의 일부로 간주하는 것은 역시 무리가 있었던 것처럼 생각된다.

힐베르트학파에서 브라우어르의 산하(傘下)로 내려간 뒤에 다시 완성된 형태의 형식주의에 찬동을 나타낸다고 하는 것처럼 '나의 사유(思惟)에만 성실하라'고 명령하는 수학의 여신(女神)에게 충실하였기 때문에 스스로 직관주의와 형식주의의 틈새기에서 요동(搖動)한 와일(Weyl)은 조금 더 빈정거리며 논리주의에 대한 것을 이렇게 평하고 있다.

(『프린키피아 마테마티카』에 있어서는) 수학은 논리학의 위에서가 아니라 논리주의자의 낙원 위에 구축되어 있다.

러셀이든 화이트헤드이든, 그들 자신의 경력으로부터 말해도, 관심의 강도로부터 말해도 수학자라기보다는 오히려 철학적인 논리학자 또는 논리학적인 철학자라고 말하는 편이 보다 걸맞은 사람들이었기 때문에 이러한 결과도 어떤 의미에서는 달리 방법이 없었던 것이었는지도 모른다. 사실상 러셀은 그 후 세계적으로 '행동하는 지식인'으로서 활약하였고 1950년에는 노벨문학상을 수상하고 있다. 한편 화이트헤드도 훗날 미국으로 건너가 동양사상과도 통한다고 일컬어지는 깊은 내용을 갖는 독자적인 사색(思索)을 추구하였다.

〈그림 4-2〉 지나치게 복잡해서 도움이 되지 않는다!

그러나 『프린키피아 마테마티카』의 존재는 그렇다고 해서 전혀 무의미하였던 것은 아니다. 사실상 괴델의 불완전성 정리의 논문은 직접적으로는 이 책에서 보여 주는 체계(에페아노의 산술의 공리계를 부가시킨 것)를 제재(題材)로 하고 있다. 또한 이 책에서 제안하고 논의한 「형 이론」의 아이디어는 우선 1930년대에 괴델의 「연속체 가설의 무모순성의 증명」에 대한 작업 등에 활용되었다. 게다가 오늘날에는 컴퓨터 사이언스나 인지(認知) 과학의 분야에서 재인식되어 부상하고 있는 상태이다.

3. 직관주의와 형식주의의 싸움

브라우어르의 의문—배중률은 무한집합에서도 성립되는가?

네덜란드의 젊고 유능한 수학자 L. E. J. 브라우어르가 직관주의를 제창해서 형식주의에 예리하게 대립하게 된 경위를 되돌아보면 '배중률'에 대한 소박한 그러나 심사숙고한 의심스러운 생각이 그 단서로서 있었다.

여기서 배중률이란 「A이냐, A가 아니냐 그 어느 것인가가 성립한다」라는 것이다. 이것은 자동률(自同律: A는 A이다), 반사율(反射律: A가 B라면 B는 A이다) 등과 나란히 아리스토텔레스 이래의 고전 논리학의 근본 법칙의 하나이다. 즉 고대로부터 누구라도 의심할 수 없는 절대적 진리로 믿어져 온 것이다.

그러면 브라우어르는 왜 그러한 견고한 법칙에 감히 반기(反旗)를 드는 행동으로 나온 것일까? 1908년의 논문 「논리학의 원리에 대한 불신」 속에서 브라우어르가 제기한 의념이란 한마디로 말하면 다음과 같은 것이었다.

고전논리학의 법칙은 유한의 집합을 전제로 한 것이다. 사람들은 이 기원(起源)을 잊고 아무런 정통성도 검증하지 않으면서 그것을 무한의 집합에까지 적용해 버리고 있는 것은 아닌가?

이와 같이 브라우어르는 단순히 철학적 신념이나 감정적인 혐오감에서 배중률의 타당성을 무제한으로 거부한 것은 아니다. 역시 거기에는 칸토어에서 시작되는 무한집합론에 대한 깊은 통찰과 「수학의 위기」를 구제하지 않으면 안 된다고 하는 수학자로서의 진지한 결의가 있었다고 해도 될 것이다.

'부랄리 포르티의 패러독스'의 경우 바로 그것 자체가 무한집합의 문제이기 때문에 당연한 것이나 '칸토어의 패러독스'든 또는 '러셀의 패러독스'든 조금 생각해 보면 알 수 있는 것처럼 만일 이야기를 유한집합에 국한시킨다면 모순에 빠지는 것과 같은 사태는 일어날 수 없다. 즉 그것들은 전부 본질적으로 무한집합이기 때문의 패러독스인 것이다.

제1장에서 본 것처럼 무한집합의 경우는 '부분이 전체와 같게 된다' 등 상식으로는 생각할 수 없는 일이 여러 가지 일어났다. 즉 고전적인 논리학의 테두리를 삐져나온 것과 같은 다른 세계가 출현하고 있었던 것 이다. 그래서 여기서 말하는 '상식'란 어디까지나 '유한의 집합을 전제로 한 고전논리학'의 범위 내에서의 상식이었던 것이다.

패러독스의 원흉은 배중률의 무제한의 사용에 있다

이러한 생각 아래 고전 논리학의 밑바탕에 있는 여러 법칙을 하나하나 검토한 브라우어르는 패러독스의 원흉이 배중률의 무제한의 사용에 있음을 알게 되었다. 즉 유한집합이라면 그것이 어느 정도 큰 집합이어도 원리적으로는 그것들의 요소에 대해서 모두 A이냐 A가 아니냐를 조사할 수 있다. 가령 터무니없이 시간이 걸리더라도 그 작업은 언젠가는 끝나는 것이다.

그러나 무한집합에서는 그렇게는 되지 않는다. '끝'이라는 것이 없기 때문이다. 물론 가산집합이고 동시에 귀납적인 체크, 즉 같은 사고의 과정에 의해서 확인할 수 있는 수단이 있다면 가령 무한집합이라도 모든 요소에 대해서 조사하는 것은 가능하다. 여러분이 잘 아는 「수학적 귀납법」 즉 1에서 바르고, n에서 바르면 n+1에서 바른 경우, 1 이상의 모든 n에 대해서 바르다고 하는 유한의 절차로 가산개(加算個)의 사례를 따르는 증명법이 이것에 해당한다. 그러나 이러한 사례는 전적으로 예외적이고 무한집합에 관한 참된 의미가 있는 명제의 태반은 그러한 유한적인 절차에 의한 체크 기구(機構)를 갖지 않는다.

그러면 어떠한 사태가 일어날 수 있는가? 수학의 논증 문제에서는 '배리법'이라고 하는 증명 수단이 흔히 사용된다. 「A가 아니다」라고 가정하라. 거기서부터 만일 모순이 유도될 것 같으면 「A가 아니다」라고 한 전제가 잘못되어 있다. 그러므로 「A가 아니다」가 부정되기 때문에 「A이다」가 증명되었다라고 하는 그러한 논법이다. 마지막의 '그러므로' 이하의 논증의 근거로 되어 있는 것이 다름 아닌 배중률 바로 그것이다. 왜냐하면 「A가 아니다」의 부정 이퀄(Equal) 「A이다」로 되기 위해서는 「A이다」 또는 「A가 아니다」가 항상 성립되어 있는 것이 대전제로 되기 때문이다.

특히 A로서 「어떤 성질을 갖는 요소가 존재한다」라는 명제를 적용시켜 보자. 그랬더니 이 논법은 그러한 '존재'를 가리키는 데에 구체적인 '존재' 바로 그것에는 한마디도 언급하지 않고 증명할 수 있는 것을 의미하고 있다. '존재 증명'이—힐베르트에 의한 불변식의 존재 증명을 그렇게 불렀던 것처럼—어쩌다가 "신학"에 비유되는 것도 이 때문이다. 이 점에 관해서 브라우어르는 무한집합의 특질을 염두에 두고 다음과 같이 요청하고 있다.

'존재하지 않는다고 가정하면 모순이 일어난다'라고 하는 주장은 그대로 '그러므로 존재한다'라는 것을 의미하는 것은 아니다. '존재한다'라고 말하기 위해서는 현물(現物)을 갖고 오지 않으면 안 된다. 적어도 '유한횟수의 조작으로 그 현물에 도달하는' 것에 대한 보증을 보여 줄 수 있는 것이 아니면 안 된다.

원주율 π(파이)의 숫자 맞추기 퀴즈가 인간에게는 가능? 그렇지 않으면 불가능?

브라우어르가 즐겨 사용한 실례로서 원주율 π를 십진법 전개를

했을 때 거기에 나오는 숫자 맞추기 퀴즈가 현실적으로 해답가능한
지 아닌지 라는 문제가 있다.

원주율은 주지하는 바와 같이 무리수—그것뿐만 아니고 초월수이
기도 하나—이기 때문에

3.14159265358979323846264338327950288419971……

로 무한히 소수전개를 할 수 있다. 그리고 소수점 이하의 어디에
서도 같은 숫자 배열의 패턴은 나타나지 않는다. 일종의 난수(亂
數)와 같은 숫자 배열로 되어 있는 것이나—실제 원주율은 난수의
샘플로서 사용되고 있다—더 중요한 것은 이 얼핏 보기에 제멋대
로로 보이는 숫자 배열도 소수 제 몇 자리에 어떠한 숫자가 올 것
인가는 무한히 작은 소수 자리에 이르기까지 처음부터 미리 결정
되어 있다고 하는 사실이다.

그래서 예컨대 9라고 하는 숫자를 몇 개인가 연속해서 배열한 숫
자 배열이 원주율의 소수 전개에 존재하는지 아닌지를 문제로 삼아
보자. 예컨대 9를 6개 연속시킨 숫자 배열이 최초의 실례는 소수점
이하 762자리에서 767자리까지에 나타난다(『이와나미 수학사전 제3
판』의 수표(數表)로 조사해 보면 확실히 「……134999999837……」
이라는 숫자 배열이 눈에 쫙 들어온다).

그러면 9를 10개 또는 9를 100개 배열한 숫자배열이라면 어떠할
까? 전자는 곧 발견될 것 같으나 현재로서는 아직 '현물'은 발견되
어 있지 않은 것 같다. 후자는 단순히 확률적으로 생각하면 도저히
있을 것 같이 생각되지 않으나 그러나 그러한 숫자배열이 확실히
'존재하지 않는다'라고 하는 증명도 되어 있지는 않다. "현물"을 찾
아가는 한 현실적으로 말해서 영원히 그러한 증명은 불가능하다. 원
리적으로는 이 세상의 시초부터 결정되어 있을 것인데 인지(人智)로
는 가부(可否)를 결정할 수 없다.—즉 '이것이야말로 배중률이 성립

〈그림 4-3〉 무한집합에서도 「이다」, 「아니다」를 증명할 수 있는가?

하지 않는 모양의 실례이다'라고 브라우어르는 생각했던 것이다.

이 예제(例題)에 관해서 브라우어르와 힐베르트파의 사이에서 주고받은 재미있는 회화가 기록되어 있다. 브라우어르가 힐베르트파의 아성(牙城)인 괴팅겐에 쳐들어가 괴팅겐수학클럽의 집회에서 힐베르트 본인을 포함한 힐베르트파의 청중을 앞에 두고 직관주의의 아이디어에 대해서 이야기했을 때의 일이다. 청강자의 한 사람이 브라우어르에게 이렇게 반론했다.

당신은 원주율 π를 10진법으로 표현했을 때 9가 10회 연속해서 나타나는지 아닌지 우리들로서 아는 것이 불가능하다고 말씀하시는 겁니까? 아마 그것은 알 수 없겠지요—그러나 신은 알고 계실겁니다!

이에 대한 브라우어르의 대답은 이러했다.

공교롭게도 나는 신과 연락하는 방법을 마침 갖고 있지 않습니다.

여기까지는 브라우어르의 관록승(貫錄勝). 한낱 청강자와 이 문제를 생각해 온 하나의 사상의 창설자와의 사이에서는 승부 거리가 되지 않았던 것 같다.

힐베르트의 반격—배중률의 부정은 '교각살우(橋角殺牛)'와 마찬가지다!

그러나 이때의 토론의 마지막에 선 힐베르트의 반론에는 직관주의에 대한 근본적인 비판이 담겨져 있었다.

당신(=브라우어르)의 방법에 따르면 현대 수학의 대부분의 결과는 미련 없이 버리지 않으면 안 되는 것 같으나 내가 생각하기에는 중요한 일은 어떻게 해서 보다 많은 결과를 얻는가 하는 것이고 어떻게 해서 보다 적은 결과를 얻는가 하는 것은 아닐 것입니다.

이 발언에는 조금 설명을 보충해 둘 필요가 있을 것 같다.

배중률을 부정하였다고 해서 수학 바로 그것이 없어지는 것은 아니다. 유한집합에 대해서는 배중률은 여전히 옳기 때문에 '부정'이라고 하는 것보다 오히려 '제한'이라고 하여야 할지도 모르나 그러한 가정 하에서는 패러독스가 발생하지 않을 뿐만 아니라 수학의 논증 근거는 보다 견고한 것으로 되는 것이다. 이 점은 많은 수학자들이 인정하는 바였다.

그러나 문제도 있었다. 첫째로 증명이 상당히 번거롭게 된다는 것, 이것은 참지 못할 것도 없다. 둘째로 이것이야말로 큰 문제였던 것인데 종전에 무한집합에 관한 사항에서 배중률을 무기로 삼아 증명되어 온 수많은 기본 정리(定理)를 사용할 수 없게 되는 일이다. 특히 본질적으로 무한의 학문인 해석학(解析學)이 회복 불능의 큰 상처를 받아 버린다.

예컨대 약간 전문적인 것이 되나 「실수의 유한폐구간(有限閉1間) 내에서 연속인 함수는 최댓값을 갖는다」라고 하는 바이어슈트라스의 정리—얼마나 이미지가 풍부한 정리인가!—등이 '그림의 떡'으로서 배척되어 버리는 것이다.

이러한 아름답고 생산적인 정리를 방기하는 것은 수학자로서는 참을 수 없는 일이었다. 힐베르트의 주장은 바로 이 점을 찌른 것이었다.

브라우어르는 사상적으로는 직관주의자로서 기억될 것이나 수학자로서도 빼어난 재능을 가진 사람으로 여러 가지 분야에서 훌륭한 업적을 남기고 있다. 예컨대 칸토어가 직선과 평면—좀더 말하면 n차

원 공간—의 동등성, 즉 점의 수가 같다는 것을 증명해서 차원의 개
념을 파괴한 것은 1장에서 언급했으나 거기서 주기(注記)해 둔 것처
럼 푸앵카레의 아이디어에 의거하여 위상기하학적인 시점에서 차원
의 개념을 부활시킨 것도 다름 아닌 브라우어르 그 사람이었다.
2000년 이상 수학자들이 반성 없이 사용해 온 '차원'이라고 하는
개념에 대한 엄밀한 정의가 여기서 처음으로 성립한 것이다.

아마 브라우어르라고 하는 사람은 매우 양심적인 성실하고 엄격
한 성격의 소유주였던 것이 아닐까? 앞에 나온 괴팅겐수학클럽에서
의 말의 주고받음을 듣고 있던 어떤 수학자는 다음과 같은 감상을
말하고 있다.

아무리 해도 수학자 중에는 몇 사람인가 유머센스가 결여되었다고나 할
까 너무나도 비대한 양심을 짊어지고 있는 사람들이 있는 것 같다. 만일
우리들이 모두 브라우어르가 말하는 것 같은 성가신 일을 빠져나가지 않으
면 안 된다고 하면 더 이상 누구라도 수학을 하고 싶다고 생각하는 사람은
없게 될 것이다. 결국 수학이라 해도 살아있는 몸인 인간이 하는 것이기
때문에.

브라우어르의 직관주의—수학적 인식이란 "신이 아니고 인간이 할 수 있는 인식이다"

그런데 브라우어르야말로 사실은 그 '살아 있는 몸인 인간'이 하
는 수학이라는 것을 아마 가장 진지하게 생각하고 있던 사람이 아니
였는가 생각한다. 브라우어르가 자신의 입장을 스스로 '직관주의'라
고 이름을 붙인 것은 1912년의 일이나 거기서 말하는 '직관'이라고
하는 말에는 다음과 같은 의미가 담겨져 있었다(히로세 켄 씨의 요
약과 해석에 따른다).

수학적인 개념이나 대상은 수학을 생각하는 정신과 독립적으로 존재하는
것은 아니고 그 정신활동에 의해서 파악할 수 있는 것이다. 따라서 개념이
나 대상 또는 추론(推論)을 사고 속으로부터 끄집어내는 직관이야말로 수학
이 의존하여야 하는 것이다. 그리고 수학적 인식이란 인간의 정신활동으로
서 파악되는 것이기 때문에 어디까지나 "인간이 해낼 수 있는 인식"이고
"인간의 논리"인 것이다.

사랑하는 제자 와일의 '가출' 그리고 힐베르트와 브라우어르의 전면대결

힐베르트학파 중에서 이러한 브라우어르의 진지한 질문에 제일
먼저 반응한 것이 힐베르트의 사랑하는 제자 헤르만 와일이었다. 와
일은 주위의 동료로부터 '저 사람은 수학도 사고한다고 하는 남자
다'라고 이야기될 정도로 다재(多才)하고 학식이 넓으며 순수수학은
말할 것도 없이 물리학에 대한 응용에 이르기까지 탁월한 업적을 남
긴 인물이다. 훗날 일본의 고다이라 구니히코(小平邦彥) 박사는
1954년의 제12회 국제수학자회의의 필즈상 수여식에서 일본인으로
서는 처음 받는 필즈 메달을 그 당시의 수상위원회 위원장이었던 와
일로부터 받았다.

괴팅겐 시대의 와일은 힐베르트학파의 당당한 "젊은 머리"로 간주
되어 동료들로부터는 '힐베르트의 참된 아들'이라고 불리고 있었다.
그 와일이 브라우어르의 문제 제기를 '우리들의 눈을 뜨게 하고 일
반적으로 인정되어 있는 수학이 확증에 의거해서 그 참된 의미와 진
실성을 주장할 수 있는 여러 명제를 얼마나 멀리 초월해 버리는 것
인가 하는 것을 명백히 한 지적(指摘)'으로서 심각하게 받아들인 것
이다.

그리고 1920년 와일은 드디어 '금후 나는(힐베르트에 따라가고

있었던 수학의 기초에 관한) 나 자신의 시도를 버리고 브라우어르의 프로그램에 따르기로 한다!'라고 선언한다. '참된 아들'의 '가출'이다.

이 무렵부터였을까, 힐베르트의 직관주의 공격이 문자 그대로 전면 포화의 '총력전'의 양상을 띠게 되는 것은? 그의 사자 포효(獅子睡時)의 제1성은 사랑하는 '아들'의 출분(出奔)으로부터 2년 후인 1922년에 함부르크에서 터져 나왔다.

제1급의 존경받을 만한 수학자인 와일과 브라우어르는 문제 해결을 위해 잘못된 길을 선택했다. 그들이 하고 있는 것은 다름 아닌 크로네커의 후진(後塵, 역주: 사람이나 말이 지나가면 일으키는 먼지)을 삼가 받는 것 이외의 아무것도 아니다! 크로네커가 무리수의 존재를 부정하려고 해서 도대체 무엇을 이룰 수 있었는가? 나는 오늘 와일과 브라우어르에 의해서 크로네커가 이룩한 것 이상의 아무것도 이루어질 수는 없다고 확신한다. 브라우어르가 하려는 것을 와일은 '혁명이다'라고 믿고 있는 것 같으나 그것은 옳지 않다. 그것은 이미 우리들이 그 실패를 본 바 있는 폭동(=크로네커가 칸토어를 괴롭힌 것)의 재탕(再湯)에 지나지 않는다. 그 폭동은 이전보다 강력한 힘을 갖고 시도되었으나 완전히 패배한 것이다. 그리고 바야흐로 국가(=형식주의)가 무장하고 보다 강력하게 된 오늘날 그들의 시도는 그 시작의 첫걸음부터 패배의 운명의 길을 따라가는 것이다!

다음해인 1923년 브라우어르는 「배중률」이라고 제목을 붙인 논문을 발표하여 반격에 나선다.

잘못된 이론(=힐베르트의 형식주의에 대한 것)은 가령 그것을 부정하는 모순에 의해서 금지시킬 수 없다 해도 그것은 어디까지나 잘못이다. 그것은 마치(국가권력에 의한) 범죄적인 정책이 가령 법정에서 금지시킬 수 없다고 해도 그 범죄성을 줄이지 않는 것과 마찬가지인 것이다.

〈그림 4-4〉"10년 전쟁" 시작되다!

 1925년 뮌스터에서 개최된 바이어슈트라스를 기리는 제전(祭典)에서 힐베르트는 「무한에 대해서」라고 제목을 붙인 유명한 기념강연을 행하고 있다(2장에서 일부 인용하였음). 여기서도 힐베르트는 칸토어 대 크로네커의 도식(圖式)을 힐베르트 대 브라우어르의 관계에 포개서 '감정이 격하고 거세며 당파적이고 동시에 색다른 어조'(구라다 레이지로 씨의 논평)로 직관주의 공격의 기세를 늦추지 않았다. 이하 구라다 레이지로 씨의 명의역(名意譯)으로 분위기를 재현해 보자.

 일부의 학파(=브라우어르의 직관주의에 대한 것)의 협박과 테러리즘에 의해서 모든 수학은 소리를 내며 붕괴되기 직전에 있다. 닥쳐오는 대파탄(大破綻)에 대비해서 우리들은 무엇을 해야 할 것인가? 형식주의를 견지(堅持)하고 유한의 입장에 서서 무모순성을 증명하기 위해 전선(戰線)을 구축하고 동요하는 논리주의자를 문제로 삼지 않고 직관주의를 뿌리째 뽑는 것이 급선무이다.

 누구라도 칸토어가 우리들을 위해서 창설해 준 이 낙원에서 우리들을 쫓아낼 수는 없을 것이다!

'10년 전쟁'의 결말

형식주의 대 직관주의 전쟁의 대단원, 말하자면 그 '천왕산(天王山, 역주: 승패를 판가름하는 갈림길)'은 1927년에 다가온다. 그렇다고 해서 이 해에 양 파의 승부를 결정짓는 무언가 터무니없는 기념비적인 발견이 이룩된 것은 아니다. 승부만을 중시하는 오늘날의 고교 야구와 같은 수준의 의식으로 보는 한 무승부로도 생각되고 시작만 하고 마무리를 못한 느낌은 부정할 수 없을 것이다.

한마디로 말해서 이 전쟁도 마지막까지 갔다는 것이다. 그러나 그것은 결코 헛된 10여 년은 아니었다. 힐베르트가 스스로의 프로그램에 대한 전반적인 아이디어와 목적을 '형식주의', '증명론', '초수학'—그 내용에 대해서는 II부에서 상술한다—이라고 하는 명칭으로 화려하게 제창하는 것은 1917년의 일이었으나 그 시점에서조차 형식주의는 아직 힐베르트가 『기하학의 기초』 이래 막연하게 마음에 품어온 '꿈'의 영역을 나오고 있지 않았다고도 말할 수 있다. 그것이 직관주의와의 투쟁 속에서 어떤 면은 엄격히 구별하고 그러나 또한 어떤 면은 거둬들이면서 차츰 정말 실행 가능한 구체상(具體像)으로서 모양을 갖춰 온 것이다.

한편 직관주의 쪽은 제창 이래 15년을 거쳐서 그 충격을 수학계에 넓고 깊게 줌으로써 스스로의 역할을 차츰 끝내고 있었다고 해도 될 것이다.

즉 어떤 의미에서는 어느 쪽도 이기고 그러나 별개의 의미에서는 어느 쪽도 패배함으로써 양자의 역사적 운동과 상호작용 바로 그것이 수학을 보다 풍요롭게 하여 괴델을 낳는 무대를 만들었다고 하는 것이다. 그러나 여기서는 우선 1927년으로 되돌아가서 힐베르트와 브라우어르와 와일의 이야기에 대해서 일단의 결말을 내어 두자.

1927년 힐베르트는 함부르크에서 「수학의 기초에 대해서」라고 제목을 붙인 강연을 하였다. '여기(=함부르크)에서 5년 전(=1922년의 강연)에 언급하고 그 이후 쉬는 일 없이 몰두해 온 바 있는 문제, 즉 수학의 기초론에 대해서 자신이 생각한 바를 총괄하고 전개하는 일'이 강연의 목적이었다. 청강자 중에는 그 힐베르트의 "방탕 아들" 와일도 섞여 있었다.

힐베르트는 여기서도 칸토어의 위업을 옹호하고 동시에 칸토어와 스스로의 프로그램과를 서로 포개면서 이야기를 진행시키고 있다. '적'은 칸토어의 원수 크로네커이고 4반세기 전에 힐베르트가 형식주의의 원형을 보여주었을 때 그에 반대한 푸앵카레이며 그리고 그들에 대한 비판은 그대로 당면의 논적(論敵)인 브라우어르에게 향한다.

유감스럽게도 그 시대(=1904년 당시)의 수학자 중에서도 가장 풍부한 아이디어를 갖고 가장 성과가 풍부한 업적을 남긴 수학자 푸앵카레는 (크로네커와 마찬가지로) 칸토어의 이론에 대한 결정적인 편견을 갖고 있고 그러므로 칸토어에 의한 장려한 여러 개념에 대한 정당한 의견을 가질 수 없었던 것이다.

힐베르트의 결론—수학은 전제를 갖지 않는 과학이다

그러면 브라우어르가 제창하고 추진한 직관주의의 프로그램에 의거한 여러 연구는 어떻게 '총괄'되었던 것일까?

수학의 기초에 대한 연구가(직관주의자들의 문제 제기를 계기로) 다시 이렇게 활발한 평가와 관심의 대상으로 됐다고 하는 것은 가장 기뻐해야 하는 바이다. 그러나 직관주의자들의 연구의 내용과 결과에 대해서 생각해 볼 때 나는 많은 경우 이러한 연구가 제기하고 있는 경향에 찬동할 수 없다. 사실 그들은 매우 시대에 뒤떨어져 있는 것은 아닐까? 마치 아직 칸토어에 의한 장려한 사상의 세계가 발견되어 있지 않았던 시대에 그들의 연구는 속해 있는 것이 아닌가라고 느껴지기조차 한다.

라고 하는 것도 '수학에서 배중률을 빼앗는 것은 천문학자로부터 망원경을 빼앗고 권투선수로부터 주먹을 빼앗는 것과 같은 행위이기 때문이다'라고 하는 것이다. 그리고 '아무리 재능과 창조성에 충만되어 있다고는 하나 단지 한 사람의 인물(-브리우어르를 말함)이 교사(教破)한 힘이 그렇게도 믿을 수 없는 영향을 갖게 된 것은 놀랄 만한 것이다'라고 말하여 브라우어르에게 마지막 철퇴(鐵退)를 내리고 있다.

힐베르트는 스스로의 프로그램에 대해서 그 충분한 전개를 위해서는 아직 미래에 기대하지 않으면 안 된다고 유보하면서도, 원리적인 가능성에 대한 확신과 낙관적인 전망을 표명하며 이 강연을 다음과 같은 말로 결말 짓고 있다.

이미 이 시점에서 나는 최종적 결론이 무엇인가를 말하려고 생각합니다. 그것은 '수학은 아무런 전제도 갖지 않는 과학이다'라고 하는, 그러한 것입니다. 수학의 기초를 구축하기 위해서는 크로네커의 신도 필요 없고 푸앵카레처럼 수학적 귀납법에 준거한 특수한 오성(悟性)능력을 가정할 필요도 없습니다. 브라우어르의 근원적 직관도 러셀과 화이트헤드의 억지로 갖다 붙인 듯한 공리의 가정도 필요 없는 것입니다.

덤벼드는 자는 모두 베어 버리는 힐베르트의 '모두 죽이는 검(劍)'이다.

직관주의와 형식주의의 화해—배중률의 제한을 공통인식으로

힐베르트가 이야기를 끝내자 와일이 청중 속에서 일어나 연단으로 향했다. 힐베르트 쪽으로!

〈그림 4-5〉 싸움은 끝나고

와일은 먼저 브라우어르를 평가하는 것으로부터 시작한다. '가출'
의 이유부터 말하기 시작한 것이다.

브라우어르는 수학이 모든 점에 있어서 인간의 사고의 한계를 초월하는
것임을 정확히 게다가 남김없이 간파한 것에 있어서 다른 누구보다도 앞서
있었습니다. 이 인간적 사고의 한계에 대한 인식을 우리들은 모두 그이에
힘입은 것이라고 믿고 있습니다. 형식화된 수학의 무모순성을 확립하기 위
한 고찰을 행하는 가운데에서 힐베르트는 이러한 한계를 당연한 것으로서
충분히 인정하고 있습니다. 여기에 나타나는 금제(禁制)는 어떠한 의미에
있어서도 제멋대로 설정된 것은 아닙니다.

여기서 '사고의 한계에 대한 인식'이란 직접적으로는 힐베르트의
프로그램 속에서 강조되고 있는 '유한의 입장'을 가리키고 있으나
그 본질은 '배중률의 무제한하고 무사려(無思慮)한 사용에 대한 거
부'라고 하는 브라우어르의 주장과 다른 것은 아니다. 그렇다고 하
면 힐베르트도 그 격렬한 공격의 말과는 정반대로 직관주의의 가장
핵심적인 주장을 '충분히 인정하고 있는' 것으로 된다. 그 한계를 선

구적으로 간파한 것이 브라우어르였기 때문에 자신이 브라우어르의 밑으로 뛰어간 것은 표면적으로는 어떻게 파악되든 실질적으로는 힐베르트를 배신한 것은 아니었다고 와일은 자기를 변호한 것이다. 얼핏 보기에 변명 같은 견강부회(牽强附會)처럼 들리나 객관적으로 보면 와일의 발언은 참으로 정곡(正鵠)을 찌른 내용으로 되어 있다.

와일은 계속해서 힐베르트의 고투(苦闘)를 평가하여 다음과 같이 말하고 있다(후반의 발언의 의미에 대해서는 Ⅱ부에서 밝히기 때문에 잠깐 기다려 주기 바란다).

(배중률의 제한이라고 하는) 이 시점(視點)에 섰을 때 고전적 수학의 단지 일부, 아마 극히 약간의 일부밖에는 우리들에게 확보될 수 없다고 하는 것은 괴롭고 그러나 불가피한 사실입니다. 힐베르트에 있어서 이러한 잔학 행위는 용서하기 어려운 것이었습니다. 그러나 힐베르트는 바야흐로 고전적 수학의 보고(寶庫)를 감소시킴이 없이 단지 그 의미에 대한 근본적인 재평가를 통해서 즉 그것을 형식화하고 그러한 것에 의하여 수학을 원리적으로 직관적 여러 결과의 체계로부터 일정한 룰에 따라 행해지는 논리식을 사용하는 게임으로 변모시킴으로써 고전 수학의 구제에 성공한 것입니다. 힐베르트에 의해서 획득된 이 한걸음은 분명히 상황(=직관주의와의 투쟁)에 쫓겨 이루어진 것이지만 이것이 갖고 있는 헤아릴 수 없는 중요성에 대해서 우선 경의를 표하고자 생각합니다.

이 뒤의 이야기는 와일이 힐베르트의 왕국으로 되돌아오기 위한 '귀국 증명'이라고 해도 될 것이다. 그것은 동시에 제창자들의 감정적 대립과는 별개의 곳에서 진행되고 있던 형식주의와 직관주의의 사상적 화해의 표명이라고 해석 못할 것도 없다. 성숙된 형식주의는 그 내부에 단단하게 직관주의의 에센스를 거둬들이고 있었던 것이기 때문에.

힐베르트의 이론의 발전을 본 우리들 모두는 그이가 그 공리주의에 대한 평생사업 위에 붙이는 형식화된 수학의 증명론을 완수해 낸 그 천재와 강고한 일관성에 대해 경의(敬意)의 생각으로 가득 차 있습니다. 그리고 이렇게 해서 탄생된 새로운 상황에 대한 인식론적 평가에 있어서 바야흐로 힐베르트와 나를 분리시키는 것은 아무 것도 존재하지 않는다는 것을 기쁜 마음으로 단언하고 싶습니다.

이렇게 해서 '참된 아들'은 사랑해 마지않는 아버지 밑으로 돌아왔다. '방탕한 아들의 귀환'이다.

한편 브라우어르도 같은 1927년 「형식주의에 대한 직관주의적 반성」이라는 제목의 논문을 발표하여 실질적인 '화해'를 선언하였다. 구체적으로는 네 가지 타협안을 제안해서 그 중 두 가지는 형식주의가 결코 동의할 리가 없는 것이었으나 힐베르트의 강연의 '마지막 철퇴'와 어슷비슷한 주고받음이었다고 보아도 될 것이다.

그러나 인간적 감정의 면에서는 힐베르트와 브라우어르의 사이에는 결정적인 응어리가 남아 그 후 두 사람이 서로 마음을 여는 일은 없었던 것 같다.

이제 1920년대에 전개된 수학의 기초를 둘러싼 10년 전쟁의 전기(戰記)는 이것으로 끝이다. 싸움이 끝나고 해가 저물어 신들의 황혼 속에서 한 마리의 올빼미가 미네르바의 어깨에서 날아가는 것은 그로부터 얼마 안 가서였다.

그러나 눈빛이 날카로운 올빼미의 비상(飛翔)을 보기 전에 우리들은 이제까지 의도적으로 그것에 대해서는 언급해 오지 않았던 형식주의의 내용, 그 방법과 목적에 대해서 정확히 파악해 두지 않으면 안 된다. 제II부는 거기서부터 이야기를 시작한다.

Ⅱ
「불완전성 정리」란 무엇인가?

「괴델의 세계관은 이성의 승리를 믿고 우주에 아름다운 조화가 존
재한다는 것을 믿는 것이다」

다케우치 가이시(竹內外史)

1. 증명이란 무엇인가?

1. 힐베르트의 프로그램

이 II부에서는 I부에서 말해 온 시대배경과 기초지식에 입각하여 괴델과 그 이론을 테마로 채택한다. 완전성 정리와 불완전성 정리의 의미에 대한 정확한 이해 및 불완전성 정리의 증명에 대한 본질을 아는 것이 여기서의 목적이다.

그를 위해서는 이제까지는 이야기의 흐름이 끊기지 않도록 굳이 그 내용에는 언급해 오지 않았던 논리학과 초수학에 대해서 깊이 파고든 해설을 해 가지 않으면 안 된다. 아마 많은 독자는 익숙하지 못한 기호의 홍수에 당황할 것이다. 그러한 경우 처음에는 너무 기호에 구애 받지 말고 읽어 나아가 이야기의 큰 줄거리의 이미지를 포착하기 바란다. 괴델도 다음과 같이 난해한 이론을 읽는 비결을 교시하고 있다.

추상적인 (기호나) 개념을 두려워할 필요는 없습니다. 처음에는 모두를 이해하려 하지 말고 소설을 읽는 것처럼 읽어 나아가기 바랍니다(괴델이 아인슈타인 이론을 공부하려고 한 그이의 모친에게 써 보낸 말. 'II-2. 미국 망명, 아인슈타인과의 교우' 후반부 참조).

우선은 「힐베르트의 프로그램」의 구체적인 내용 설명부터 이야기를 시작한다.

〈그림 5-1〉 이것만 증명할 수 있으면

「산술의 무모순성」을 증명할 수 있는가?

유클리드 기하학에서 외적(外的)인 절대적 진리성의 가면을 벗겨서 그것을 단순한 '맥주조끼의 게임'로 바꿔 버린 힐베르트와 현대수학에 있어서, 수학이라고 하는 학문이 유일하게 의지할 곳은 공리화된 체계의 무모순성의 보증이고 수학의 진리성은 그 이외의 어디에도 구해야 할 것도 없는 것이었다.

수학이란 원래 가장 보편적이고 동시에 포괄적인 관념의 학문이고 생각할 수 있는 것이라면 현실에 존재할 수 있는지 아닌지를 불문하고 그 모두를 대상으로 할 수 있는 자유성을 갖고 있다. 그 자유성이 물리학이나 화학, 생물학 등 일반의 자연과학과 수학이 근본적으로 상이한 점이고, 역으로 말하면 수학이 '사고의 형식'에 관한 이론으로서 온갖 자연 과학에 응용될 수 있는 이유이다.

칸토어의 말대로 '수학의 본질은 그 자유성에 있다'라고 하는 것인데 바야흐로 수학은 그 절대적 자유를 하나의 근본적인 제약에 맡기게 된 것이다. 즉 '생각하는 것이 가능한 것'이란 단순한 공상의 산물이나 관념의 놀이 등은 결코 아니고 수학적으로는 '무모순인 대상'에 대한 것이라는 제약이다.

그래서 무한에 대한 생산적인 사고를 가능케 한 집합론이라고 하는 이름의 '칸토어의 낙원'을 사수(死守)해야 할 집합론과 전(全)수학의 무모순성에 관한 절대적 증명을 입수하는 것이 그 후 힐베르트의 —따라서 또 현대 수학의—강박관념으로 되었다. 세기가 바뀌는 때에 해당되는 1900년의 국제수학자회의에서 힐베르트가 20세기 수학의 최고의 과제의 하나로서 '산술의 무모순성의 증명'을 내세운 것도 그 때문이다.

그러나 이때 힐베르트는 아직 낙관적인 전망을 갖고 있었던 것 같다-산술의 무모순성만 증명되면 그 증명은 쉽게 실수론의 무모순성의 증명으로 개변(改變)되고 그것은 동시에 그가 이미 증명하고 있는 사실에 따라서 유클리드 기하학과 비유클리드 기하학의 무모순성의 보증으로 된다. 이리하여 전수학은 새로운 의미에서의 즉 내적이고 자기완결적인 의미에서의 절대적 진리성을 쟁취할 것이라고 하는 시나리오이다.

그런데 「러셀의 패러독스」가 가져온 「수학의 위기」는 이 '힐베르트의 꿈' 앞에 어두운 구름으로 되어 가로막고, 그 근본적인 수정을 강요한다. 집합론이나 논리학과 같은 수학의 밑바탕에 있는 "가장 간단하고 가장 중요한 연역적 방법 더구나 가장 보통이고 또 결실이 많은 개념이 그 기반을 위협당한"(힐베르트) 것이다.

이러한 배경 아래에서 힐베르트는 1904년 수학사상 처음으로 증명 바로 그것을 수학적 연구의 테마로 해야 할 것을 제안한다. 종전에는 증명이란 전통적인 논리학의 여러 법칙에 따른 추론에 대한 것이었으나 거기에는 이미 증명해야 할 집합론이나 산술의 내용이 선취(先取)되어 있거나 해서 '원고리 속을 돌고 있다'는 것을 힐베르트는 깨닫게 된 것이다. 여기에 「힐베르트의 프로그램」의 단서(端諸), 그 최초의 아이디어가 탄생했다고 보아도 될 것이다.

그러나 보다 구체적인 제안이 나오는 데에는 1917년까지 기다리지 않으면 안 되었다. 이때에는 이미 1908년의 체르멜로에 의한 공리적 집합론의 시도로 시작되는 집합론의 공리화에 대한 연구도 진전하고 있었다. 집합론의 공리화는 1922년에 체르멜로의 작업을 발전시킨 프렝켈(Fraenkel)의 연구에 의해서 거의 완성되고 그 뒤 여러 가지 확장이나 간소화는 있었다 하되 그 시점에서 오늘날과 같은 집합론에 대한 대강의 줄거리가 만들어졌다고 해도 될 것이다. 이 집합론은 「체르멜로-프렝켈의 집합론」 또는 두 사람의 머리문자를 따서 간결하게 「ZF 집합론」이라고 부르고 있다. 그리고 ZF집합론 이후 '현대 수학은 모두 집합론 속에서 전개할 수 있다. 즉 현대 수학은 집합론의 부분 체계로 생각할 수 있다'(다케우치 가이시 교수)라는 견해가 정착한다.

네 가지 근본 문제에서 프로그램으로

이야기를 러시아 혁명의 해인 1917년으로 되돌린다. 이 해에 힐베르트는 취리히에서의 강연에서 네 가지 근본 문제를 제기하고 있다. 「힐베르트의 프로그램」의 원형이라고 일컬어지고 있는 제안이다. 그 네 가지란 다음과 같은 것이었다.

1. 모든 수학적 문제는 원리적으로 해결 가능한가?
2. 수학적 증명의 간명성(簡明性)을 측정하는 기준을 찾아내는 것.
3. 수학적 서술에 있어서의 내용과 형식의 관계를 구하는 것.
4. 수학적 문제를 유한 프로세스에 의해서 해결하는 것이 가능한가?

이러한 문제의 제출방법으로 보아 당시 힐베르트의 머릿속에는 아직 막연한 전략밖에는 없었던 것 같이 생각된다. 힐베르트의 첨예한 전략과 전술이 구체적인 형태로 돼서 나타나는 것은 1922년의 일이다. 이때 「힐베르트의 프로그램」이 완전한 형태로 제안된 것이다.

이하 완전판의 형태로 「힐베르트의 프로그램」의 요지를 설명해 보자. 요점은 세 가지가 있다. '형식화', '초수학'(또는 '증명론') 그리고 '유한의 입장'의 세 가지다. 이들 개념이 직관주의나 논리주의와의 투쟁 속에서 차츰 단련되어 가는 것은 그 역사적 경위에 준거해서 앞장에서 상세히 소개한 대로이다.

형식화—공리나 정리를 기호로 표현

먼저 형식화에 대한 것인데 힐베르트는 집합론이나 자연수론을 포함하는 전수학을 형식화하여 그 무모순성을 증명해야 한다고 제안하였다. 즉 온갖 수학 이론을 유클리드 기하학에서 이루어진 것처럼 공리화해서 그 내용인 공리나 정리를 모두 기호로 표현하자는 것이다.

그때 공리의 모임인 소위 공리계는 그것이 적용되는 대상에 대한 규정뿐만 아니라 그 운용규칙인 추론의 논리법칙도 스스로의 안에 포함하고 있지 않으면 안 된다.

이와 같이 현상학의 용어로 말하면 '노에마(Noema)'에 해당하는 '대상'과 '노에시스(Noesis)'에 해당하는 '작용'을 1조로 한 시스템이 공리계인데 이 공리계에서 규정되는 형식적인 연역체계가 다름아닌 「형식적 체계」 바로 그것이다.

형식적 체계는 「힐베르트의 프로그램」에 있어서도 논리주의와 마찬가지로 기호논리(정확히 말하면 제1계 술어논리)로 기술된다. 그러나 논리주의가 논리법칙을 절대적인 것으로 간주한 것에 반해서 형식주의에서는 이것을 어디까지나 '게임의 룰'로밖에는 생각하지

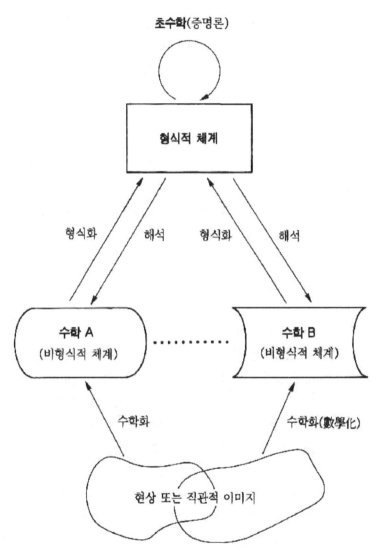

〈그림 5-2〉 초수학과 형식적 수학, 비형식적 수학의 관계

않는다. 희망한다면 얼마든지 변경 가능한 것으로서 이것은 말하자 면 '작용(노에시스)'으로부터의 의미 박탈이다.

한편 형식적 체계에서는 '대상(노에마)'으로부터도 의미가 뽑아내 져 있다. 공리화 된 유클리드 기하학에 있어서는 '평면'을 '맥주조 끼'로 바꿔 읽는 것이 가능하였던 것과 같은 이치로 형식적 체계의 대상은 단순하고 무의미한 기호에 지나지 않는다. 이것은 직관주의 자가 형식주의를 향하여 '일반적으로 받아들여지고 있는 수학에 있 어서 많은 경우에 참된 의미를 갖지 않는 명제가 통용되고 있다'라 는 문제를 제기한 것에 대한 형식주의 측의 회답이었다. 즉 형식주 의는 이 논의의 전제인 '의미'라고 하는 것을 처음부터 완전히 폐기 시킴으로써 직관주의의 공격을 피한 것이다.

초수학 또는 증명론

다음으로 '초수학' 또는 '증명론'에 대한 이야기를 진행하자.

형식적 체계에서는 기호도 추론법칙도 그 자체에는 의미가 없으 나 그것들이 형성하는 체계 바로 그것의 구조에는 의미가 있다. 즉 형식적 체계에 있어서의 '증명'은 하나의 기호열(記號列)로서 표시되 어 이 기호열을 수학적 고찰의 새로운 대상으로 할 수가 있는 것이 다. 이 새로운 수학을 초수학이라 부른다. '초'는 '슈퍼(Super)'나 '울트라(Ultra)'가 아니고 '메타(Meta)'의 뜻이다. 통상의 의미에서의 수학을 논하는 것이 아니고 그것을 '초월해서' 형식화된 체계의 구 조를, 말하자면 '초월론적(超越論的)'으로 고찰한다는 의미일 것이다. '우수한 수학'의 의미가 아니라는 것은 말할 것도 없다.

힐베르트의 고향인 쾨니히스베르크에 사는, 대선배인 칸트는 그 주요 저서 『순수이성비판』 속에서 인식론에 있어서의 '사실문제'와 '권리문제'와의 준별(峻別)을 설명하였다. 초월론적 철학의 과제는

'사실문제'가 아니고 '권리문제'라고 칸트는 말하고 있다. 법률용어에서 빌린 이들의 말을 사용한다면 통상의 수학이 '사실문제'의 해명을 전념할 일로 삼고 있다면 초수학의 관심사는 '권리문제'의 탐구에 있다고 해도 좋을 것이다.

그러나 이러한 '초수학'의 목적은 어디까지나 원래의 즉 현실의 수학의 무모순성에 대한 증명에 있기 때문에 이 학문은 '증명론'이라고도 부른다. 이것도 '증명하는 방법'의 의미가 아니고 하위수준의 증명의 구조와 타당성을 상위의 즉 메타레벨에서 '증명'하는 학문의 의미이다.

'초수학'의 위치 부여와 역할을 정리하면 다음과 같이 된다.

수학은 이리하여 세 가지로 분류되는 것으로 되었다. 즉 비형식적 수학(통상의 의미에서의 수학)과 형식적 수학(공리적으로 형식화된 수학)과 초수학의 세 가지이다.

형식적 수학은 비형식적 수학을 형식화함으로써 얻어지고 비형식적 수학은 형식적 수학을 해석함으로써 얻어진다. 그리고 그 정당성을 형식적 수학의 무모순성에 의해서 보증하려고 하는 것이다(히로세 켄 교수).

유한의 입장

마지막으로 '유한의 입장'인데 이것은 '초수학'의 방법론을 규정하는 개념이다. 힐베르트의 말로는 이렇게 된다.

거기서 사용되는 논리, 논술 또는 정의는 거기에 나타나는 사물이 완전히 구성적이고 거기서의 방법이 완전히 실제적인 한계 내에서, 따라서 구체적인 정부(正存)의 판단에만 의거해서 행해지지 않으면 안 된다.

간단히 말하면 유한개의 기호열을 대상으로 유한회(回)의 조작에 의해서 실행 가능한 사실만을 기초로 함으로써 '초수학'의 확실성을 보증하려고 하는 뜻이다.

'유한의 입장'은 직관주의의 근본사상과 통하는 것이고 직관주의로부터의 비판에 대답하는 형태로 채용된, 또는 직관주의의 주장을 받아들인 것이라고 흔히 일컬어진다. 확실히 그것도 사실일 것이다. 그러나 힐베르트는 당초부터 '유한의 입장'으로의 지향(志向)이 있었던 것처럼 생각한다. 이러한 것은 「힐베르트의 프로그램」이 싹트기 이전인 그 1900년의 강연 속에서 힐베르트는 이미 다음과 같이 명확히 지적하고 있었기 때문이다.

게다가 수학적 문제의 풀이가 충족시켜야 할 일반적 조건에 대해서 간단히 언급해 두지 않으면 안 된다. 먼저 그러한 풀이의 정당성이 문제의 서술에 포함되는 유한개의 가설에 의거해서 유한회의 단계에 따라 증명되지 않으면 안 되고 그리고 풀이는 정확히 정식화(定式化)되지 않으면 안 되는 것이다. 이 유한회의 프로세스에 따른 논리적 연역이라고 하는 요청은 다름 아닌 추론의 엄밀성의 요청 바로 그것인 것이다. 이 엄밀성의 요청은 수학에 있어서 모토(motto)로 된 것이나 이것은 우리들의 추상적 사고력에 있어서 불가결한 것으로서 널리 인정된 철학적 요청이고 그리고 이 요청이 충족되어서 비로소 사유(思推)의 내용과 문제의 암시성(暗示性)은 가장 풍요한 것으로 되는 것이다.

물론 여기서의 유한회의 프로세스에 대한 강조는 비형식적 체계 속에서의 엄밀성에 대한 것에 지나지 않으나 '유한의 입장'은 이 사상을 형식적 체계에 대한 초수학으로까지 확장한 것이라고도 해석할 수 있는 것이 아닐지.

덧붙여 말하면 힐베르트의 '동료'였던 철학자 후설에게도 『엄밀한 학문으로서의 철학』이라는 저작이 있다. '엄밀성'이 아직도 최고의 가치를 가질 수 있었던 옛날의 좋은 시대가 나에게는 부럽게 생각된다.

2. 논리학과 수학

논리학의 형식화에서 수학의 형식화로

다케우치 가이시, 일리노이대학 교수는 유명한 저서 『집합이란 무엇인가』 속에서 「힐베르트의 프로그램」을 다음과 같이 3단계로 나누어서 정식화하고 있다.

1. 현재 사용되고 있는 논리학의 체계를 형식화한다. 즉 어떠한 추론 방식이 사용되고 있는가, 어떠한 논리적인 공리가 사용되고 있는가를 형식적인 체계로서 분명히 기술한다.

2. 수학적 체계를 형식화한다. 즉 위의 논리학의 체계 위에 어떠한 공리를 부가시키면 현재의 수학의 체계가 만들어지는가를 형식적인 체계로서 기술한다.

3. 위의 공리적인 체계에서 모순이 나오지 않는 것을 그 형식적인 체계에 대한 추론으로서 증명한다.

여기서 논리학과 수학에 대한 프로그램이 분명히 나누어져 있는데에는 매우 중요한 의미가 있다. 이러한 것은 괴델에 대한 "풍설" 속에서 흔히 다음과 같은 야지기타[弱次喜多 역주: 서로 짝이 맞는 한 쌍의 익살꾼, 원래 일본 근세의 유머 통속 소설 『도카이도추 히자구리게(東海道中膝栗毛)』의 주인공 야지로베(弱次郎兵衛), 기타하치(喜多八)의 이름에서 온 말]적인 회화를 듣기 때문이다.

야지로베: 뭐? 굉장한 것이라고, 괴델 씨. 불완전성 정리라는 것을 증명했다고 그랬잖아. 무엇이든 지성이라는 것은 불완전한 것이

래. 그렇게 말하면 너의 머리도 상당히 불완전하다는 거야.

기타하치: 잠깐 기다려. 괴델 씨가 증명한 것은 완전성 정리가 아니야? 난 얼마나 머리가 좋은 것일까? 이제 완전, 완벽!

야지로베: 완전성 정리와 불완전성 정리를 양쪽 모두 증명했다는 건 이거 너 사기 아니야!?

확실히 괴델은 1930년에 완전성 정리의 증명을, 1931년에 불완전성 정리의 증명을 발표하였다. 그러나 이것은 모순되는 것은 아니다. 왜냐하면 전자는 논리학(제1계 술어논리)의 형식적 체계에 대해서, 후자는 수학(페아노의 산술의 공리계를 포함하는 무모순인 공리계)의 형식적 체계에 대한 정리이고 양자는 근본적으로 상이한 것에 대한 언급이었기 때문이다.

그러나 야지로베 씨도 날카로운 곳을 찌르고 있다. 만일 불완전성 정리가 완전성 정리의 단순한 부정이고 누군가가 그 양쪽을 증명했다라고 하는 것이라면 그(그녀)는 사기꾼 이외의 아무것도 아니기 때문이다.

논리학에서는 전제가 허위이면 결론은 모두 진실이다!?

이것은 이미 「천재와 나폴레옹의 어머니」의 예문을 들어서 이야기한 것이나—기억하고 있는지?—중요한 것이기 때문에 반복을 마다않고 다시 한 번 확인해 둔다. 논리학적으로 말하면 전제가 '허위'이면 결론은 어떠한 것이라도 '진실'이다. 예컨대 「말(馬)은 하마(河馬)이다」라면 「개미는 코끼리보다 크다」도 「1999년에 세계가 파멸한다」도 어떠한 명제라도 논리적으로는 올바른 귀결로서 얻어진다. 물론 「개미는 코끼리보다 작다」도 진실이다. 더구나 「개미는 코끼리보다 크고」 동시에 「개미는 코끼리보다 작다」라면 「개미는 코끼리와 같은 크기이다」도 진실이다. 이렇게 해서 「이상한 나라의 엘리스」의 세계가 재현된다고 하는 의도였다.

형식적 체계의 공리계에 대해서도 전적으로 같은 것을 말할 수 있다. 한번 공리계가 모순을 안아버리면 그 공리계로부터는 어떠한 명제도 유도해낼 수 있는 것이다. 공리계의 무모순성, 즉 거기에서 서로 모순되는 명제를 증명하는 것에 대한 불가능성이 엄격히 요구되는 까닭이다. 이 '무모순'이라고 하는 용어는 영어로 말하면 'Consistency', 즉 일상용어로 서는 '시종일관, 정합성(整合性), 언행일치'를 의미하는 말이다.

I부의 3장에서 언급한 것처럼 의미가 있고 동시에 생산적인 공리계에는 '무모순성' 이외에 '완전성', '독립성'이라고 하는 나머지 두 가지의 중요한 성질이 요구된다. '완전성'이란 형식적 체계의 모든 올바른 정리가 그 공리계로부터 증명 가능한 것이다.

무모순성과 완전성과는 밀접하게 결부되어 있고 공리계를 강하게 하면 증명할 수 있는 명제가 증가해서 완전성을 얻을 수 있게 되나 그때 너무 지나치게 강하면 어떤 명제와 그 부정(否定) 명제의 양쪽이 증명되어 버릴지도 모른다. 즉 무모순성이 깨져 버리는 것이다.

역으로 공리계를 약화시켜서 모순을 없애면 증명 가능한 명제가 극단적으로 감소되어 버린다. 배중률을 공리계에서 제거한 직관주의가 그 좋은 예이다. 이와 같이 공리계의 조정(調整)은 상당히 스릴 넘치는 게임이라고 말할 수 있다.

그런데 방금 '완전성이란 모든 올바른 정리가 증명 가능한 것이다'라고 말했다. 이 정의에서도 알 수 있는 것처럼 '올바른'이라는 것과 '증명 가능'하다는 것과는 어떻게 다른 것인가 하는 점이 완전성 문제를 생각할 때의 요점으로 된다. 더구나 실제의 수학의 구체적인 명제에 대해서는 진위(眞僞)가 분명하게 되어 있는 것이기 때문에 이 경우는 '진실이다'라는 것과 '올바르다'라는 것과의 구별이 또한 문제가 된다. 이 언저리를 확실히 파악해 두지 않으면 앞에서 말한 야지로베와 기타하치가 서로 주고받는 이야기가 되어 버리는 셈이다.

이하의 전개를 위해서 개요를 미리 대충 살펴 두자.

'논리적인 올바름'과 '수학적인 올바름'과는 일치하지 않는다

괴델의 완진성 정리는 논리학의 형식적 체계에 대해서 증명된 사항이다. 우리들이 사용하고 있는 논리학의 체계는 완전하다. 즉 '논리적으로 올바른' 명제라면 어떠한 것이라도 그 체계 내에서 '증명 가능'하다라는 것이다. 우리들의 '상식적'인 논리적 직관에는 초수학적인 뒷받침이 있었던 것이라고 말해도 될 것이다.

논리의 다음으로는 수학이 문제로 되는데 여기서는 '수학적으로 올바르다'는 것이 '논리적으로 올바르다'는 것과는 반드시 일치하는 것은 아니다. 논리적인 올바름이란 어떠한 대상에 대해서도 적용되는 추론의 올바름에 대한 것을 말한다. 예컨대 「A이면 A」가 그 좋은 예이고 A가 진실이든 허위이든 이 추론 바로 그것은 올바르다고 말할 수 있다. 이러한 추론을 '항진(恒眞)명제' 또는 '토톨로지'라 부른다. 토톨로지는 일상용어로는 '동어반복'이라고 번역되어 있다.

수학적인 올바름은 이것과는 달리 사항의 진위가 추궁된다. 즉 수학에 있어서의 명제는 수학적인 내용을 갖는 이상 원리적으로는 진위가 미리 결정되어 있을 것이다(다만 소위 '자유변수'를 갖지 않는 경우). 그래서 수학의 형식적 체계에 대한 완전성의 요청이란 '모든 참된 명제가 그 체계 내에서 증명될 수 있는 것'으로 된다. 어쩐지 자명한 것으로 생각되나 그것이 자명하기는커녕 잘못된 것이라는 것을 증명해 버린 것이 괴델의 불완전성 정리였던 것이다.

이 정리의 증명이 얼마나 충격적인 사건이었는가는 이 정도의 설명으로도 다소는 알게 되었을 것으로 생각한다. 이 사실은 수학의 무모순성에 대한 증명 자체도 사실대로 말해 버리면 그 원리적인 불가능성을 암시하여 「힐베르트의 프로그램」에 어떤 의미에서의 인도(引導)를 넘겨주는 결과가 되는 것이나 이것 이상 언급하면 개요를 넘어서 버리기 때문에 나머지는 불완전성 정리를 주제로 거론하는 다음 장에서 이야기하자.

아커만, 술어논리의 무모순성을 증명

그러면 여기서 논리학으로 되돌아가서 이제까지 언급해 온 것을 조금 상세하고 구체적으로 설명해 가자. 여기서 거론하는 것은 1928년에 초판이 간행된 힐베르트와 아커만의 공저 『수리논리학의 기초』이다. 기호 논리학의 공리화는 1910~1913년의 『프린키피아 마테마티카』를 시초로 정력적으로 연구가 진행되었으나 수학을 기술할 수 있는 소위 「제1계 술어논리」의 형식적 체계가 완성된 모습으로 나타난 것은 이 책에서였다고 일컬어지고 있다.

여기서 아커만은 술어논리의 무모순성을 증명하고 완전성의 결정을 미해결 문제로서 제시하여 그 정부(正否)를 추궁하고 있다. 괴델이 이에 응답해서 완전성 정리를 증명한 것은 1929년 가을 약관 23세 때였다. 논문은 1930년에 발표되고 이것에 의해서 동년 2월 6일에 괴델은 빈대학으로부터 학위를 받고 있다.

기호의 나열을 시작하기 전에 이 책의 공저자인 힐베르트의 공동 연구자 빌헬름 아커만에 관한 에피소드를 하나 소개해 둔다. 힐베르트는 젊고 유능한 제자가 결혼하는 것에 늘 강하게 반대하고 있었다. 자기의 경험 때문인지, 단순한 확신 때문인지는 모르나 아무튼 결혼하면 수학을 할 수 없게 된다고 믿고 있었던 것 같다. 이 편견 때문에 가장 희생된 것이 다름 아닌 아커만이었다.

아커만이 결혼 후, 힐베르트는 격노해서 그이가 대학에서의 연구자로서의 지위를 얻지 못하게 되어 버린다. 결국 아커만은 할 수 없이 고교 교사로 만족할 수밖에는 없었다. 그러나 결혼생활은 행복했던 것 같고 그 뒤 얼마 안가서 아커만 부처는 아기를 갖게 된다.

이 소식을 듣자 힐베르트는 다시 없는 공을 세운 듯이 기고만장하게 흥분해서 이렇게 말했다고 한다. "그것은 굉장한 소식이다. 결혼한 것만도 어떤가 생각하고 있었는데 아기까지 만들다니. 이런 어이없는 사나이에게는 이제부터라도 일체 아무것도 해 주지 않을 거야."

어떠한 위인(偉人)에게도 보통 사람으로서는 이해 불가능한 편굴(偏屈)한 일면이 하나쯤은 있는 것이다.

3. 술어논리의 완전성 정리

먼저 기호의 설명을 잠깐

술어논리의 형식화는 모든 대상과 논리법칙(공리)의 기호화(記號化)로부터 시작된다. 「처음에 기호 있다」이다.

기본 기호는 〈그림 5-3〉의 여섯 종류이다.

이 중, '자유변수'란 불특정의 대상, '속박변수'란 논리기호 ∀과 ∃의 어느 것인가와 함께 사용하는 변수를 나타낸다. ∀과 ∃는 '속박기호' 또는 '양(量)기호'라 부르고 ∀를 '전칭(全稱)기호', ∃를 '존재기호'라고 말한다.

이 ∀와 ∃를 포함하지 않는 논리 체계가 『프린키피아 마테마티카』에서 처음으로 체계화된 '명제논리학'이다. 이쪽은 벌써 1920년에 그 무모순성과 완전성이 당시 컬럼비아대학의 학생에 지나지 않았던 E. L. 포스트에 의해서 증명되고 있다.

(1) 대상기호(상수) $c_1, c_2, c_3, c_4, \cdots\cdots$
(2) 함수기호 $f_1, f_2, f_3, f_4, \cdots\cdots$
(3) 술어기호 $P_1, P_2, P_3, P_4, \cdots\cdots$
(4) 자유변수 $a_1, a_2, a_3, a_4, \cdots\cdots$
(5) 속박변수 $x_1, x_2, x_3, x_4, \cdots\cdots$
(6) 논리기호 $\lor, \land, \longrightarrow, \daleth, \forall, \exists$

〈그림 5-3〉 기본 기호

논리기호는 초수학에 있어서는 추상적인 단순한 기호에 지나지 않는다. 그러나 근원을 밝히면 그것들에는 원래 각각 고유의 의미가 있다. 즉 「$\daleth$」는 「……이 아니다」, 「$\lor$」는 「또는」, 「$\land$」는 「동시에」, 「$\rightarrow$」는 「이라면」, 「$\forall$」는 「모든」, 「$\exists$」는 「어떤 ……가 존재한다」의 의미이다.

이 해석으로 말하면 대상이 유한집합의 경우는 술어논리도 명제논리로 환원할 수 있다. $\forall$과 $\exists$는 무한집합을 대상으로 할 때 비로소 의미를 갖는 논리기호이다. 수학은 본질적으로 무한집합을 대상으로 하고 있기 때문에 술어논리는 수학의 논리로 되어 있는 것이다.

그러나 지금은 이러한 유래를 제외하고 형식적 체계만을 문제로 삼고 있기 때문에 당분간 기호의 의미는 잊어버려도 상관없다. 오히려 적극적으로 잊어버려 기호의 조작에만 전념하려고 하는 것이 초수학의 기본 방침이다.

(1) 대상 기호와 자유변수는 항이다.

(2) f가 n변수의 함수기호이고 $t_1, t_2, \cdots, t_n$이 항이라면 $f(t_1, t_2, \cdots, t_n)$은 항이다.

(3) (1)과 (2)로 얻어지는 것만이 항이다.

〈그림 5-4〉 '항'의 정의

(1) P가 n변수의 술어기호이고 $t_1, t_2 \cdots t_n$이 항이라면

$P(t_1, t_2 \cdots t_n)$은 논리식이다.

특히 이것을「원시논리식」이라 부른다.

(2) A, B가 논리식일 때

$\neg A$, $A \lor B$, $A \land B$, $A \rightarrow B$도 논리식이다.

(3) A(a)가 자유변수 a를 포함하는 논리식이고 x가 A(a) 속에 나타나지 않는 속박변수일 때

$\forall x A(x)$, $\exists a A(x)$ 는 논리식이다.

(4) (1), (2), (3)에 의해서 얻어지는 것만이 논리식이다.

(덧붙여 말하면 $\forall x A(x)$는 「모든 x는 A를 충족시킨다」,

$\exists x A(x)$는 「A를 충족시키는 x가 존재한다」라고 해석한다)

〈그림 5-5〉 '논리식'의 정의

공리

(1) $A \rightarrow (B \rightarrow A)$

(2) $(A \rightarrow B) \rightarrow ((A \rightarrow (B \rightarrow C)) \rightarrow (A \rightarrow C))$

(3) $A \rightarrow (B \rightarrow A \wedge B)$

(4) $A \wedge B \rightarrow A,\ A \wedge B \rightarrow B$

(5) $A \rightarrow A \vee B,\ B \rightarrow A \vee B$

(6) $(A \rightarrow C) \rightarrow ((B \rightarrow C) \rightarrow (A \vee B \rightarrow C))$

(7) $(A \rightarrow B) \rightarrow ((A \rightarrow \angle B) \rightarrow \angle A))$

(8) $\daleth \daleth A \rightarrow A$

(9) $A(t) \rightarrow \exists x A(x)$ (t는 항)

(10) $\forall x A(x) \rightarrow A(t)$ (t는 항)

추론 규칙

1 $\dfrac{A,\ A \rightarrow B}{B}$

2 $\dfrac{A(a) \rightarrow C}{\exists x A(x) \rightarrow C}$

3 $\dfrac{C \rightarrow A(a)}{C \rightarrow \forall x A(x)}$

(다만 $A,\ B,\ C,\ \cdots\cdots,\ \forall x A(x) \cdots\cdots$ 등은 모두 논리식으로 한다.)

〈그림 5-6〉 추론을 행하기 위한 논리법칙
(힐베르트-아커만의 공리계에 따른다)

'항(項)', '논리식'의 정의와 논리 법칙

기호가 갖추어진 곳에서 추론의 대상이 되는 '항'을 〈그림 5-4〉와 같이 정의한다.

다음으로 이 항을 사용해서 '논리식'을 〈그림 5-5〉와 같이 정의한다.

그러면 다음은 이들 논리식을 사용해서 추론을 행하기 위한 논리법칙의 설정인데 힐베르트-아커만의 공리계에서는 〈그림 5-6〉과 같이 되어 있다.

'추론규칙'이 형성하는 '도형(圖形)'을 '연역도(演繹圖)'라든가 '증명도(證明圖)'라 부르고 이 도형은 「위의 기호열(記號列)부터 아래의 기호열을 추론한다」라고 해석한다. 예컨대 추론규칙 1은 「A와 A→B로부터 B를 추론한다」라고 해석하는 것이다.

'증명'과 '해석'

이만큼 준비가 된 곳에서 '증명가능'의 개념을 다음과 같이 정의한다.

(1) 공리는 증명 가능하다.

(2) 증명 가능한 논리식에 추론 규칙을 적용해서 얻어지는 논리식은 증명 가능하다.

(3) (1)과 (2)에서 얻어진 논리식만이 증명 가능하다.

논리식 A가 B_1, B_2 …… B_n을 가정했을 때 증명할 수 있다면

$$B_1, B_2 …… B_n \vdash A$$

라고 쓴다.

또한 A가 술어논리의 공리만을 사용해서 증명 가능할 때는

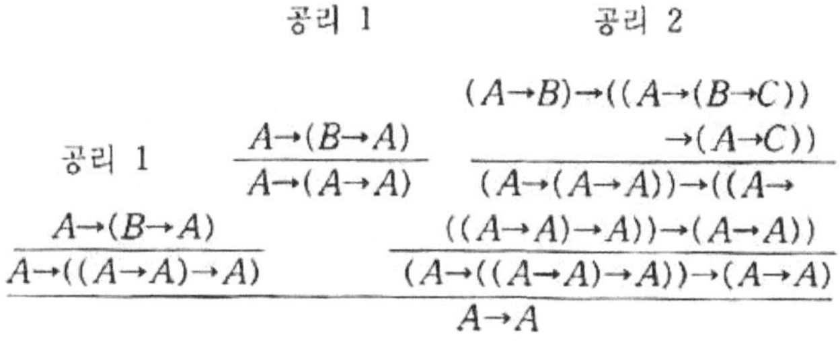

공리 1   공리 2

$$\frac{A \to (B \to A)}{A \to (A \to A)}$$

$$\frac{(A \to B) \to ((A \to (B \to C)) \to (A \to C))}{(A \to (A \to A)) \to ((A \to ((A \to A) \to A)) \to (A \to A))}$$

공리 1

$$\frac{A \to (B \to A)}{A \to ((A \to A) \to A)}$$

$$\frac{(A \to ((A \to A) \to A)) \to (A \to A)}{A \to A}$$

〈그림 5-7〉 A→A의 증명도

$\vdash A$

라고 쓴다.

지금 「⊢A→A」(A→A는 증명 가능)을 공리로부터 유도해 보자(그림 5-7).

통상의 해석으로는 「A→A」는 요컨대 「A이면 A」라는 것 바로 그것이기 때문에 '자명한 이치'처럼 생각된다. 그러나 여기서 채용한 공리에 「A→A」는 들어가 있지 않기 때문에 형식적으로는 증명의 가능성은 보증되어 있지 않고 보는 바와 같이 상당히 복잡한 절차를 밟아 증명하지 않으면 안 된다.

주의해야 할 것은 여기서 말하는 '증명'이란 '의미'의 해석을 행하지 않는 한에는 증명도의 겹쳐 쌓음이고 더 단적으로 말하면 논리식의, 따라서 기본 기호의 유한개의 배열에 지나지 않는다는 사실이다. 역으로 말하면 술어논리의 형식적 체계란 증명 가능한 논리식의 형식적인 겹쳐 쌓음으로 정의되고 생성되는 체계여서 거기서는 당장은 아무런 '의미'도 추궁되고 있지 않다는 것이다.

이와 같은 무의미한 기호열에 술어로서의, 즉 무언가의 의미를 가진 언명(言明)으로서의 직관적 내용을 부여하는 것이 아까부터 설명을 빼고 사용해 온 '해석'이라는 작업이다. 어떠한 해석 아래에서 증명 가능한 논리식이 모든 참된 명제를 나타낼 때 이 해석은 '모델'을 정한다고 말한다. 다만 수학의 논리인 술어논리의 경우는 단순한 논리학을 위한 논리에 지나지 않는 명제논리와는 달라서 변수가 가질 수 있는 영역이 본질적으로 추궁된다. 구체적인 예로 보는 것이 이야기가 빠를 것이다.

실례를 두 가지 대비시켜서 보여 주자.
예컨대 논리식,

$\forall x \ \exists y, \ (y < x)$

는 「모든 x에 대해서 y가 존재하고 y는 x보다 작다」라고 해석할 수 있다. 이 해석 아래에서는 실수의 영역이면 모델로 되나 자연수의 영역에서는 모델로 되지 않는다. 자연수로 x를 0으로 잡으면 그것보다 작은 자연수 y는 이미 존재하지 않기 때문이다.
대비적인 실례로서 논리식,

$\exists x \forall y (x \leq y)$

를 취하자. 그 해석은 「어떤 x가 존재하고 모든 y에 대해서 y는 x와 같거나 고보다 크다」로 된다. 이것은 자연수가 모델이라면 0이라는 최소수가 존재하기 때문에 진실로 되나 실수의 모델에서는 허위로 되는 논리식이다.

그래서 모든 해석에 대해서 진실이 되는 논리식을 '항진식' 또는 '토톨로지'라 부르고 A가 토톨로지일 때

$$\vdash A$$

라고 쓰기로 한다. 이 토톨로지라는 것이 '논리적으로 올바르다'라는 것에 대한 형식적인 표현이다.

무모순성과 완전성의 정식화

술어논리의 형식적 체계에 대한 무모순성의 정식화는 이러하다.

「⊢A 동시에 ⊢ㄱA로 되는 논리식 A는 존재하지 않는다」

이 사실이 아커만에 의해서 증명된 것은 이미 언급하였다.

한편 완전성의 정식화는 이러하다.

「임의의 폐(閉)논리식 A에 대해서 ⊢A 또는 ⊢ㄱA의 어느 것인가 성립한다」

여기서 폐논리식이란 자유변수를 포함하지 않는, 따라서 진위가 확정된 논리식을 말한다. 또한 이 정식화는 다음의 주장과 같은 값으로 된다.

「⊢A이면 ⊨A, 동시에 ⊨A이면 ⊢A」

즉 논리적으로 올바른 것(토톨로지)은 증명 가능하다는 것의 필요

충분조건이라는 것이다. 필요조건 쪽은 명백하다. 이것을「만인(萬人)의 건전성(健全性)정리」라고도 부른다.

「⊢A이면 ⊨A(논리식 A가 술어논리의 공리만으로부터 증명 가능하면 A는 토톨로지이다)」

괴델에 의한 완전성 정리의 증명

괴델은 이것이 충분조건이기도 하다는 것을 보여 주었다. 즉「괴델의 완전성 정리」다.

「⊨A이면 ⊢A(논리식 A가 토톨로지이면 A는 술어논리의 공리만으로 증명 가능하다)」

이리하여 술어논리의 체계는 무모순일 뿐만 아니고 완전이기도 하다는 것을 보여 준 것이다. 논리는 이것으로 태평무사(太平無事)이다.「힐베르트의 프로그램」의 제1단계는 성공리에 끝났다.

그러면 다음은 마침내 수학 본체(本體)의 무모순성과 완전성을 추궁하는 차례이다.

2. 이성이란 무엇인가?

1. 「불완전성 정리」의 아이디어

「리샤르의 패러독스」가 힌트

힐베르트—아커만의 문제 제기에 답하여 괴델이 술어논리의 형식적 체계가 완전하다는 것을 증명한 것은 1929년 가을의 일이었다 (발표는 다음해 1930년). 그 뒤 괴델은 이 성과에 힘을 얻어 「힐베르트의 프로그램」을 거듭 추진코자 구체적인 수학 이론의 형식적 체계에 대해서 그 무모순성이나 완전성의 증명으로 향했을 것이다.

괴델이 최초로 착수한 것은 해석학의 무모순성의 증명이었다고 일컬어지고 있다. 괴델은 이 문제를 산술(자연수론)을 사용해서 풀려고 하였다. 그래서 곧 산술의 공리계를 바탕으로 한 해석학의 형식화에 착수한 것 같으나 그렇게 했더니 산술에 있어서의 "진실"의 개념이 필요하게 되는 것을 알게 되었다.

그런데 산술의 형식적 체계에 있어서는 '진실이다라는 것'을 잘 정의할 수 없는 것이다. 이 사실은 「리샤르의 패러독스」로부터의 직접적 귀결로서 나온다.

이것으로 계획은 일단 파탄된 것처럼 보였다. 그러나 완전성 정리를 증명하고, 겨를도 없는 괴델의 머릿속에는 형식적 체계에 있어서 무엇이 가장 중요한 개념인가 하는 확신이 있었던 것으로 생각한다. 그것이야말로 공리계에서 형식적 추론을 겹쳐 쌓아서 얻어지는 기호의 유한열로서의 '증명 가능성'의 개념이었다. 그래서 '진실이다라는 것'을 '증명할 수 있다는 것'으로 바꿔 놓아 논의를 진행시켜 보면 무언가 재미있는 결과가 얻어지는 것이 아닌가 하는 아이디어는 완

〈그림 6-1〉 이 두 개를 바꿔 놓으면

전성 정리에 대한 증명의 연장선상에 자연히 나온 발상이었다고 보아도 될 것이다.

그러면 「리샤르의 패러독스」가 제기하고 시사한 사태란 도대체 무엇이었던가? 여기서는 1905년에 발표된 리샤르 자신의 원안(原案) 바로 그것은 아니고 다음의 이야기의 전개에 바로 사용될 수 있는 형태로 고쳐 만들어 소개해 보자(예컨대 문제로 삼는 수의 범위도 리샤르가 그렇게 한 것처럼 실수가 아니고 자연수로 생각하기로 한다).

「리샤르의 패러독스」란 이러하다.

지금 보통의 말로 표현할 수 있는 자연수의 전체를 생각한다. '보통의 말로 표현할 수 있다'란 정확히 말하면 '알파벳 26문자'를 어떤 순서로 배열한 유한개의 '문자열(文字列)'의 의미이다. 이러한 조건 아래에서 임의의 자연수 n에 대해서 가능한 표현의 전체를 생각하면 그 수는 고작 가산개(可算個)밖에 없다. 그래서 이들의 표현에 번호를 붙여서 다음과 같이 일렬로 배열한다.

$W_0(n),\ W_1(n),\ W_2(n)\cdots\cdots W_m(n)\cdots$

여기서 $\daleth W_n(n)$을 「n에 대한 표현으로 n번째에 오지 않는 것」이라 정의하면 그 표현도 역시 이 리스트(list) 속에 포함되어 있을 것이다. 즉 어떤 정해진 자연수가 존재하여,

$$W_{n_0}(n)\ =\ W_n(n)$$

여기서 n은 임의였기 때문에 이 n에 n_0를 대입하면

$$W_{n_0}(n_0)\ =\ \daleth W_{n_0}(n_0)$$

즉 「n_0의 n_0번째의 표현은 동시에 n_0번째의 표현이 아니다」로 되어서 모순이 되는 것이다.

이 패러독스에서는 $\daleth W_n(n)$이 부정적인 자기언급으로 되어 있다. 「크레타인의 패러독스」와 마찬가지 구조이다. 자기 모순에 빠지지 않을 수 없는 이유도 거기에 있다. 결국은 $W_n(n)$과 $\daleth W_n(n)$과는 같은 수준에서 취급할 수 없는 표현인 것이다.

출중한 착상

그러나 여기서 만일 논리적인 절차는 바꾸지 않고 이들의 표현의 의미를 바꿔 읽음으로써 양자를 같은 수준에서 취급할 수 있도록 되었다고 하면 어떨까? '그 자신도 그 부정도 진실이 아닌' 명제의 대신에 '그 자신도 그 부정도 ××가 아닌' 명제가 얻어져야 할 것이

다. 이 'ㅇㅇ'에 '증명 가능'을 적용시킬 수 있는 것이 아닌가 하는 출중한 착상이 불완전성 정리로의 작은 한 걸음, 그러나 거대한 한 걸음으로 되었다.

'진실이라는 것'을 '증명할 수 있는 것이다'로 바꿔 놓았을 때 어떠한 논의를 할 수 있는가를 「리샤르의 패러독스」에 준거해서 그 의미를 바꿔 읽으면서 구체적으로 살펴보자(이하의 실례는 히로세 켄, 요코다 히토마사 두 사람에 따른다).

「리샤르의 패러독스」의 $W_m(n)$에서 의미를 빼내고 자연수상의 1변수 n에 대한 논리식의 전체를 생각한다. 논리식은 대상기호, 함수기호, 변수기호, 논리기호, 거기에다 자연수에 관한 (공리화 된) 기호 등 고작 가산개의 기호를 유한개 배열한 것에 지나지 않기 때문에 그 수는 고작 가산개 밖에는 없다.

그래서 자연수를 범위로 갖는 자유변수 n에 대한 논리식 전체에는 순번이 붙여지고 이것을 $W_m(n)$의 대신에 $P_m(n)$이라고 써서 다음과 같이 일렬로 배열한다.

$P_0(n)$, $P_1(n)$, $P_2(n)$……$P_m(n)$……

거듭 n에 구체적인 수치를 넣어 이렇게 해서 얻어지는 전논리식을 다음 페이지의 〈그림 6-2〉와 같은 순서로 1열로 바꿔 배열하자. 그리고 $P_0(0)$를 0번째로 하여 이것에 번호를 붙인다. 즉

$P_0(0)$	$P_1(0)$	$P_0(1)$	$P_2(0)$	$P_1(1)$	$P_0(2)$	$P_3(0)$	……
↕	↕	↕	↕	↕	↕	↕	
0	1	2	3	4	5	6	……

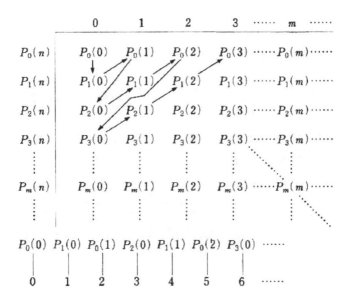

위의 표와 같이 평면적으로 배열된 가산개의 $P_m(n)$에 0, 1, 2, 3, ……으로 번호를 붙여서 모든 $P_m(n)$을 빠짐없이 일직선상에 배열하고 싶다.

예컨대 $P_0(0)$, $P_0(1)$, $P_0(2)$ …… $P_1(0)$, $P_1(1)$, $P_1(2)$……으로 각 행(行)마다에 배열해서는 번호를 붙일 수 없다. 그래서 그림에 보여준 것처럼 화살표 방향으로 순차로 번호를 붙여 가면 아래 그림처럼 모든 $P_m(n)$이 빠짐없이 게다가 1회만 나오는 논리식의 무한열(無限列)을 얻을 수 있다.

여기서의 요점은 임의의 자연수 k에 대해서 k번째에 어떤 $P_m(n)$이 오는가를 일의적(一意的)으로 확정하는 것. 역으로 임의의 $P_m(n)$에 대해서 그것이 몇 번째에 나오는가가 일의적으로 결정되는 것. 이 두 가지 점이다(한마디로 말하면 자연수 전체와 $P_m(n)$ 전체와의 1대 1대응이 얻어진 것으로 된다).

〈그림 6-2〉 전논리식의 두 개의 배열 방법

그러면 다음과 같은 간단한 계산에서 $P_m(n)$은 $2m^2+2m$번째로 등장하는 논리식이라는 것을 알게 된다.

$$(2+3+\cdots+2m)+(m+1)=\left(\frac{2m(2m+1)}{2}-1\right)+(m+1)=2m^2+2m$$

다음으로 형식적 체계에서는 '증명'도 기호의 유한열에 지나지 않기 때문에 이들의 논리식 속에는 'n번째의 논리식은 증명할 수 있다'는 것을 의미하는 것이 있을 것이다. 이것을 $P_{rov}(n)$-P_{rov}는 Provable(증명할 수 있는)의 약기(略記)-라고 쓰자. 예컨대 어떤 논리식 Q_k가 k번째의 것이라 하면 「Q_k가 증명될 수 있는 것」과 「$P_{rov}(k)$가 증명될 수 있는 것」과는 같은 값이다. 즉

$\vdash Q_k \Leftrightarrow \vdash P_{rov}(k)$

이제 이 $P_{rov}(n)$의 n에 $2m^2+2m$을 대입하여 $P_{rov}(2m^2+2m)$을 만든다. $2m^2+2m$번째의 논리식 $P_m(m)$ 바로 그것이었기 때문에

$\vdash P_m(m) \Leftrightarrow \vdash P_{rov}(2m^2+2m)$

다음으로 $P_{rov}(2m^2+2m)$의 부정 $\daleth P_{rov}(2m^2+2m)$을 만든다. 이것도 1변수의 논리식이라는 것에는 변함이 없기 때문에 어떤 자연수 m_0가 존재하여

$\vdash P_m(m) \Leftrightarrow \vdash \daleth P_{rov}(2m^2+2m)$

로 되어 있을 것이다. 여기서 m은 자유변수였기 때문에 이 m에 m_0를 대입하는 것이 허용된다. 그러면

$$\vdash P_{m_0}(m_0) \iff \vdash \daleth \mathsf{P_{rov}}(2m^2+2m_0)$$

좌측의 논리식은 '$P_{m_0}(m_0)$가 증명될 수 있다는 것'을, 우측의 논리식은 '$2m_0^2+2m_0$번째의 논리식 즉 $P_{m_0}(m_0)$는 증명될 수 있는 것에 대한 부정이 증명될 수 있다는 것', 바꿔 말하면 '$P_{m_0}(m_0)$는 증명될 수 없는 것'을 의미하고 있다.

결국 $P_{m_0}(m_0)$는 증명될 수 있다고 가정하면 증명될 수 없고 증명될 수 없다고 가정하면 증명될 수 있는 것으로 된다. 즉 논리식 $P_n(n)$ 속에 '그것 자신도 그 부정도 증명될 수 없는' 것이 존재한다는 것을 보여 준 셈이다.

이와 같이 진위의 관점에서 보는 한 패러독스를 유도하는 같은 논법이 여기서는 증명도 그 부정의 증명도 할 수 없는 즉 '결정불가능'한 논리식의 구성이라고 하는 적극적인 결과를 얻는 데에 사용되고 있다.

이 논법은 보는 바와 같이 칸토어의 대각선논법의 직접적인 응용으로 되어 있다. 그래서 전제로 된 것은 논리식에 '순번을 붙이는' 것뿐이다. 바꿔 말하면 형식적 체계의 논리식에 자연수를 일의적으로 대응시킬 수 있다면 위의 논법이 적용될 수 있고 결정 불가능한 논리식의 존재가 추론될 수 있다는 것이다.

'괴델수(數)'의 아이디어

논리식과 자연수와의 대응이라고 하는 과제는 소위 '괴델수'의 개념에 의해서 해결되었다. '괴델수'의 아이디어 그 자체는 지극히 단순하다. 요컨대 상이한 논리식, 즉 상이한 기호열이 상이한 자연수를 지정하고 특정의 자연수에 대해서는 그 역도 성립되는 대응을 만들어 주면 되는 것이다. 제1장의 말을 사용하면 형식적 체계의 논리식 전체의 집합에서 자연수 전체의 집합 속으로의-즉 그 부분집합으로의-'1대 1대응'을 구성한다고 하는 것이 된다.

그를 위해서는 자연수의 두드러진 특징인 '소인수분해의 일의성'에 주목해서 대응을 구성하면 된다고 생각하는 것은 매우 자연스런 발상이라고 생각한다. 주지하는 것처럼 어떠한 자연수도 소수(素數)의 유한개의 곱으로서 다음과 같이 일의적으로 즉 대강의 쓰는 방법으로 나타낼 수 있다.

$$n = 2^a 3^b 5^c \cdots\cdots p_k{}^l \cdots\cdots p_N{}^m \text{(다만 } p^k \text{는 k번째의 소(素)수)}$$

여기서 각 소수의 지수도 마찬가지로 소인수분해를 할 수 있다.

$$l = 2^\alpha 3^\beta 5^\gamma \cdots\cdots p_i{}^l \cdots\cdots p_z{}^w$$

이 소인수분해의 각 요소수의 지수에 대해서도 마찬가지로 소인수분해를 할 수 있고 이하 마찬가지로 계속되나 이 조작도 반드시 유한회(回)로 끝난다.

이 특징에 착안해서 논리식과 자연수와의 구하는 대응을 구성하여 보자. 먼저 형식적 체계의 원시기호에 상이한 소수를 하나씩 대응시킨다. 예컨대

¬	∨	A	B
↕	↕	↕	↕
5	7	17	19

라고 하자(이것은 괴델이 실제로 할당한 괴델수를 흉내 낸 것이다). 기호 X의 괴델수를 g(X)로 쓴다면 이렇다.

g(ㄱ)=5, g(∨)=7, g(A)=17, g(B)=19

다음으로 논리식의 괴델수를 소인수분해의 지수의 단계에 준해서 조립해 간다. 예컨대

A→B (A이면 B)

라고 하는 논리식은

ㄱA∨B (A가 아니다. 또는 B)

와 동치라는 것이 알려져 있기 때문에 이것을 원시기호마다 소수열(素數列)의 어깨에 싣는 것이다.

〈괴델수〉 방식에 의한 암호를 만드는 방법

알파벳 26문자의 n번째의 문자에 n번째의 소수(素數)를 대응시켜서 암호표를 만든다.

지금 "I LOVE YOU"라는 메시지를 보내고 싶을 때 각 문자의 괴델수 g는 아래의 암호표에 따라

g(I)=23, g(L)=37, g(O)=47, g(V)=79,
g(E)=11, g(Y)=97, g(U)=73

암호표

A	B	C	D	E	F	G	H	I	J	K	L	M
2	3	5	7	11	13	17	19	23	29	31	37	41

N	O	P	Q	R	S	T	U	V	W	X	Y	Z
43	47	53	59	61	67	71	73	79	83	89	97	101

단어 LOVE와, YOU의 괴델수는 각각,

$g(\text{LOVE})=2^{g(L)} \cdot 3^{g(O)} \cdot 5^{g(V)} \cdot 7^{g(E)}$

$\quad = 2^{37} \cdot 3^{47} \cdot 5^{79} \cdot 7^{11}$

$g(\text{YOU})=2^{g(Y)} \cdot 3^{g(O)} \cdot 5^{g(U)}$

$\quad = 2^{97} \cdot 3^{47} \cdot 5^{73}$

따라서 "I LOVE YOU"의 괴델수는

$g(\text{I LOVE YOU})=2^{g(I)} \cdot 3^{g(LOVE)} \cdot 5^{g(YOU)}$

$\quad = 2^{23} \cdot 3^{2^{37} \cdot 3^{47} \cdot 5^{79} \cdot 7^{11}} \cdot 5^{2^{97} \cdot 3^{47} \cdot 5^{73}}$

(이 수는 만일 실제로 계산한다면 천문학적 숫자를 꿰뚫은 굉장한 수가 된다)

문제 다음의 암호를 해독하라.

$$2^{2^{67} \cdot 3^{11} \cdot 5^{43} \cdot 7^{7}} \cdot 3^{2^{41} \cdot 3^{47} \cdot 5^{43} \cdot 7^{11} \cdot 11^{97}}$$

(답 SEND MONEY)

$g(A \rightarrow B)=g(\ulcorner A \vee B)$

$=2^{g(\ulcorner)} 3^{g(A)} 5^{g(\vee)} 7^{g(B)}$

$=2^{5} 3^{17} 5^{7} 7^{19}$

추론에 대해서도 마찬가지로 이 "어깨실음"의 작업을 수행한다. 예컨대 앞에서 소개한 다음의 식과 같은 가장 기본적인 추론 규칙을 예로 들어서 괴델수를 구해 보자.

$$g\left(\frac{A \quad A \rightarrow B}{B}\right)=2^{g(A)} 3^{g(A \rightarrow B)} 5^{g(B)}$$

$$= 2^{17} 3^{2^{5} 3^{17} 5^{7} 7^{19}} 5^{19}$$

이 수는 만일 실제로 계산해 본다면 도대체 몇 자리 정도의 수로 되는지 상상도 할 수 없을 만큼 터무니없이 거대한 수이다. 그러나 이 소인수분해는 일의적으로 결정되기 때문에 이 수를 거꾸로 읽음으로써 원래의 논리식을 재현할 수 있다. 그 밖의 더 복잡한 논리식에 대해서도 방법은 전혀 마찬가지다.

이것은 요컨대 암호를 만드는 방법과 같다. 형식적 체계의 정보가 괴델수로서 암호화(코드화)된 것이다. 역으로 괴델수로부터 원래의 논리식을 복원하는 작업은 암호의 해독[탈(脫) 코드화]에 해당된다 (앞 페이지의 선으로 두른 부분 참조).

이 언저리의 이야기는 매우 알기 쉽고 일반적으로 흥미로워 괴델의 불완전성 정리를 다룬 책이라면 어느 책에도 상세하게 소개되어 있기 때문에 여기서는 이것 이상 깊이 들어가지 않는다.

귀납적 함수

아이디어는 이것으로 전부 갖추어졌다. 그러나 문제는 여기서부터이다. 이 아이디어를 수학적으로 엄밀히 정식화하지 않으면 안 된다. 특히 형식적 체계 내에서의 논리식간의 관계와 그것들을 괴델수에 의해서 산술화 했을 때의 자연수간의 관계가 같은 구조를 갖고 있는, 즉 그것들이 '동형(同型)'이라는 것을 제대로 확인해 두지 않으면 모처럼의 아이디어도 쓸모없이 끝나 버린다.

괴델은 '귀납적 함수'—엄밀히는 '원시귀납적 함수'—의 이론을 창시함으로써 이 사이의 관계를 엄밀히 정의하였다. '귀납적 함수'란 한 마디로 말하면 계산 가능한 알고리즘(절차)을 갖는 함수를 말한다. 즉 그 함숫값을 확실히 계산하는 방법이 존재하는 함수에 대한 것을 말한다.

괴델은 이 '귀납적 함수'의 이론을 전개함으로써 단순히 논리식에서 자연수 속으로의 1대 1대응을 구성했을 뿐만 아니고 어떤 괴델수가 주어졌을 때 그것이 어떠한 논리식에 대응하고 있는가를 알기 위한 알고리즘의 존재도 보여 주었다.

즉 괴델수에 의해서 산술화된 자연수에서의 논의―앞에서 본 대각선논법에 의한 결정 불가능한 명제 $P_{m_0}(m_0)$의 존재 증명과 같은―가 그대로 형식적 체계에서의 논의로 옮길 수 있는 것이 보증된 것이다.

이리하여 출중한 아이디어에 섬세하고 동시에 치밀한 살붙임이 이루어져 불완전성 정리를 증명한 논문이 완성된 것은 완전성 정리의 증명으로부터 1년 후인 1930년 10월경의 일이었다.

2. 「불완전성 정리」의 원논문을 읽는다

'머리말'에 담겨진 증명의 아이디어

괴델이 불완전성 정리를 증명한 논문은 1930년 11월 17일에 빈 과학 아카데미의 『수학·물리학 월보』에 수리(受理)되어 다음해 1931년 1월 22일에 그 잡지에 게재되었다. 「『프린키피아 마테마티카』 및 관련되는 여러 체계에 있어서의 형식적으로 결정 불가능한 여러 명제에 대해서 I」이 그것이다.

이 논문에는 상당히 긴 '머리말'이 붙어 있고 거기서 증명의 주요한 아이디어가 개관(概觀)되어 있다. 즉 형식적 체계에 있어서의 초수학의 산술화, 「리샤르의 패러독스」에 따른 결정불가능한 명제의 구성, 마지막으로 이 결정 불가능성이 '형식적 체계의 무모순성의 증명에 대한 놀랄 만한 결과를 유도하는 것'에 대한 시사(示攻)이다.

이 이야기의 순서는 이제까지 이야기한 것과 역으로 되어 있는데 그것은 이러한 것이다. 즉 이제까지 이 책에서 언급해 온 이야기는 아이디어가 탄생되는 이치, 말하자면 '발생적인' 필연성을 좇는 것이었다. 그러나 이 논문의 모두에서 언급되고 있는 것은 이론의 '구조적인' 필연성과 그 이치인 것이다.

그러면 당장 원논문을 읽으면서 괴델의 사고를 좇아서 체험해 가기로 하자(번역문은 히로세 겐, 요코다 히토마사 두 사람에 따른다).

> 보다 엄밀하게 진행되고 있는 수학의 발전 방향은 잘 알려져 있는 것처럼 광범위한 형식화로의 길을 걷고 있다. 그 결과 어떠한 정리도 소수(少數)의 기계적인 규칙을 사용하는 것만으로 증명할 수 있다. 이제까지 만들어진 것 중 가장 이해하기 쉬운 형식적 체계는 『프린키피아 마테마티카』의 체계(PM)와 체르멜로—프렝켈의 집합론의 공리계이다. 이 두 가지 체계는 매우 이해하기 쉽고 오늘날의 수학에서 사용하는 증명 방법의 모두가 그 속에 형식화되어 있고 소수의 공리와 추론 규칙으로 환원되어 있다.

여기까지는 이를테면 '상식'의 확인이라고나 하는 부분일까. 여기서 괴델은 이야기를 바꿔 이 논문의 제1의 결과를 간결하게 언급하여 읽는 사람의 주의를 끈다.

> 그러므로 이들의 공리와 추론 규칙을 사용하면 그 공리계에

서 형식적으로 표현되는 어떠한 수학적 문제도 결정할 수가 있다고 생각하는 사람이 있을지도 모른다. 그러나 아래에 보여주는 것은 그것이 사실이 아니라는 것, 그보다 오히려 이들 두 가지 체계 속에는 공리에 의해서 결정할 수 없는 산술의 비교적 단순한 문제가 존재하는 것이다.

이러한 것은 만들어져 있는 체계의 특수한 성질에 따르는 것은 아니고 형식적 체계의 넓은 범위에서 성립한다. 특히 앞에서 말한 두 가지 체계에 유한개의 공리를 추가해서 생기는 모든 체계에 대해서도 추가한 공리에 의해서 잘못된 명제가 증명되지 않는 한 역시 성립하는 것이다.

여기서 괴델은 '상세하게 이야기하기 전에 우선 증명의 주된 아이디어를, 물론 완전히 엄밀하게라는 것은 아니나, 개관하자'라고 언급하여 먼저 형식적 체계의 산술화의 기본적 아이디어를 제출한다.

형식적 체계의 논리식은 외부에서 보면 원시기호(변수, 논리기호 그리고 괄호나 구독점(句讀點))의 유한열이고 원시기호의 열이 의미 있는 논리식인지 아닌지를 완전히 엄밀하게 말하는 것은 간단하다. 마찬가지로 증명도 형식적인 견해로 보면(어떤 특별한 성질을 가진) 논리식의 유한열 이외의 아무것도 아니다. 물론 초수학적인 고찰을 위해서는 어떠한 대상이 원시기호로서 선정되는가는 문제가 아니다. 그래서 여기서는 원시기호에 대해서 자연수를 사용한다.

얼마나 아무렇지도 않은 듯 괴델수의 아이디어가 제시되어 있는 것일까! 원주(原注)에, 「즉 원시기호와 자연수를 1대 1대응시키는 것이다」라고 되어 있다.

　　이리하여 논리식은 자연수의 유한열로 되고(원주: 즉 최초에 대응시킨 자연수로부터 결정되는 산술적 함수이다), 증명도는 자연수의 유한열의 유한열로 된다. 이렇게 해서 초수학적인 개념(명제)은 자연수 또는 그 열에 대한 개념(명제)으로 된다.

여기서 다시 중요한 긴 원주가 들어간다.

　　바꿔 말하면 위의 절차는 산술 속에 PM의 동형상(同型像)을 만드는 것으로서 모든 초수학적 논의는 이 동형상 속에서 잘 행할 수 있는 것이다. 증명을 개설(槪說)할 때에 사용하는 '논리식', '명제', '변수' 등의 말에 의해서 동형상이 대응하는 대상을 항상 이해하고 있지 않으면 안 된다.

　　여기서 '동형'이란 '구조가 같다'라는 의미이다. 형식적 체계의 동형상이 자연수의 부분집합으로서 받아들여진다는 것이다. 이것은 이상한 느낌도 드나 무한집합이니까 '전체가 부분과 같게 되는' 것도 가능하게 되는 것이다(1장 참조). 뒤의 전개를 위해서 대략적인 관계를 다음 페이지의 〈그림 6-3〉에 도시해 둔다.

　　중단된 부분부터 원논문의 인용을 계속하자.

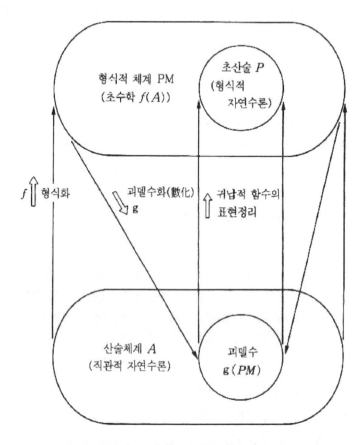

〈그림 6-3〉「불완전성 정리」의 증명의 이치

　　따라서 그것들은 체계PM 자체의 (적어도 부분적으로는) 기
호에 의해서 표현할 수 있다. 특히 '논리식', '증명도', 그리고
'증명 가능한 논리식'이라고 하는 개념이 PM 속에서 정의될

수 있는 것을 보여 줄 수 있는 것이다. 즉 예컨대 PM 속에
하나의(수열의 형을 갖는) 자유변수 v를 갖는 논리식 F(v)를 만
들 수 있고 그것을 PM의 술어의 의미에 따라서 해석하면 F(v)
는 'v는 증명 가능한 논리식이다'를 의미할 수 있게 되는 것이
다.

여기서 말하는 F(v)이란 우리들이 앞에서 사용한 기호로는
$P_{rov}(n)$을 말한다. 괴델은 이 논리식에 대해서 원주에서 '이 논리
식을 실제로 쓰는 것은 (조금 번거롭기는 하나) 매우 쉽다'라고 말하
고 있다.

이상이 형식적 체계의 산술화에 관한 머리말이다.

다음으로 괴델은 결정 불가능한 논리식의 구성법에 대해서 그 개
요를 언급하고 있다. 약간 번잡한 논의로 되고 특히 기호의 바꿔 읽
음이나 그 의미하는 바를 정확히 추적하는 작업은 익숙지 않으면 조
금 큰일이다. 그러나 기본적 아이디어와 이야기의 흐름은 이미 우리
들이 보아 온 「리샤르의 패러독스」의 변형판(變形版)과 아무런 바꿔
는 것은 없다. 세세한 점은 대충 읽고 이야기의 큰 줄거리를 파악하
기 바란다.

그러면 PM의 결정 불가능한 논리식, 즉 A도 ㄱA도 증명 가
능 하지 않은 명제 A를 다음과 같이 해서 만들기로 하자.

변수가 자연수의 형(型)인 것과 같은 하나의 자유변수를 가
진 PM의 논리식을 단항(單項) 술어기호라 부르기로 한다. 그
단항 술어기호가 전부 어떤 방법으로 일렬로 배열되어 있다고

가정하고 n번째의 것을 R(n)으로 나타내자. (······) a를 임의의 단항 술어기호라고 하자. 그리고 [a;n]에 의해서 단항 술어기호 a의 자유변수를 자연수 n을 나타내는 기호에 의해서 바꿔 놓아 만들어진 논리식으로 한다. (······)

이제 다음과 같이 해서 자연수의 집합 K를 정의한다.

$n \in K \Leftrightarrow \nexists Bew[R(n) ; n] (\#)$

(여기서 Bew(x)는 「x는 증명 가능한 논리식이다」를 의미한다)

Bew는 독일어로 '증명 가능'을 의미하는 Beweisbar의 약자이다. 우리들의 예에서는 $P_m(n)$이 R(n)으로, $P_{rov}(x)$가 Bew(x)에 상당한다.

논리식 [S;w] 을 PM의 술어의 의미에 따라서 해석하면 「자연수 n은 K에 속해 있다」는 것을 의미하는 것과 같은 단항 술 어기호 S가 존재한다. S는 단항 술어기호이기 때문에 그것은 어떤 R(q)와 같은 것으로 된다. 즉 자연수 q에 대해서

S = R(q)

로 할 수가 있다.

이 q를 사용하면 [R(q);q]가 결정 가능하게 된다고 하는 시나리오는 이미 낯익은 것이다. 괴델의 증명을 보아 두자.

「결정 불가능 명제」의 증명

먼저 명제 [R(q);q]가 증명 가능하다고 한다. 그러면 이 명제는 참일 것이다. 그러나 정의에 따르면 그 경우에는 q는 K에 속해 있고 (#)로부터 ㄱBew[R(q):q]가 성립하게 되나 이것은 가정에 반하고 있다.

또 한편 [R(q):q]의 부정이 증명 가능이었다고 하면 ㄱ(q∈K), 즉 Bew[R(q):q]가 성립한다. 그러나 [R(q):q]가 증명 가능하다는 것은 가정에 의해서 그 부정의 경우와 마찬가지로 또한 불가능하다.

이렇게 해서 개략적인 스케치를 준 후 괴델은 이 증명과 패러독스와의 관계에 언급하여 다음과 같이 말한다.

이 논의는 리샤르의 패러독스로부터 유추하면 알기 쉽다고 생각한다. 또한 「거짓말쟁이의 패러독스」와도 밀접하게 관련이 있다고 하는 것도 (중략) 이것은 자신에 대해서 '자신이 증명 가능하지 않다'라고 주장하고 있는 명제이기 때문이다. 〔원주: 겉보기와는 달라 이 명제는 악순환이 생기지 않는다고 하는 것은 이 명제는 우선은 어김없이 정의된 논리식이 증명 불가능하다는 것을 주장하고 있다. 그리고 (말하자면 우연히) 이 논리식은 바로 그 명제 그 자체를 표현하고 있는 것이라고 하는 것뿐이다〕.

그 뒤 괴델은 이 결정 불가능 명제의 구성법이 '임의의 형식적 체계에 대해서 명확히 적용할 수 있다는'것과 그 증명을 엄밀히 행할 때의 주의사항을 말하고 이 '머리말'을 다음과 같은 시사(示唆)적인 말로 맺고 있다.

> [R(q):q]의 내용이 자기 자신의 증명 불가능성을 언급하고 있다고 하는 것에 주의하면 [R(q):q]가 참이라는 것은 즉각 유도할 수 있다고 하는 것은 [R(q):q]는 정말 증명 불가능(결정 불가능)이기 때문이다.
>
> 따라서 PM으로 결정 불가능한 명제는 초수학적으로 생각하면 결정가능으로 된다. 이 기묘한 입장을 엄밀히 분석하면 형식적 체계의 무모순성의 증명에 대한 놀랄 만한 결과를 유도하는 것으로 되나 상세한 것은 논문의 마지막에서 논의하자.

여기서 '머리말'은 끝나고 '위에서 개관한 증명을 엄밀히 진행시키게' 된다. 그러나 여기서는 너무 길어지기 때문에 생략하지 않을 수 없다. 다행히 이 증명은 일본어역도 영역도 간단히 입수할 수 있기 때문에 흥미와 시간과 그리고 무엇보다도 인내력이 있는 분은 꼭 도전하여 보기 바란다.

다만 뒤에 원망 듣지 않도록 미리 말해 두는데 논문의 태반은 귀납적 함수의 논의에 의한 형식적 체계의 산술화의 엄밀한 정식화로 충당하고 있다. 46개나 되는 함수의 정의가 연달아 계속되는 것이다.

읽으면서 위(胃)가 아프게 될 법한 논술이 계속되는 것인데 사실은 괴델도 이 논문의 집필로 완전히 위가 나빠져 매일 밤잠을 못이뤄 쇠약해 져서 속편을 쓸 형편은 아니었다고 하는 과장된 에피소드도 이야기로 전해지고 있다(이것은 아마 꾸며낸 이야기겠지만 ……).

그래서 일약 논문의 마지막의 '놀랄만한 결과'와 '속편'의 화제로 이야기를 진행시킨다.

증명에 의한 '놀랄만한 결과'란?

논문의 최종 제4절에서 괴델이 제출한 결과란 「증명의 개요」와 함께 서술한 「정리 XI」를 말하고 그 내용은 요약하면 다음과 같은 것이었다.

> 정리 XI (산술을 포함하는 귀납적이고 무모순의 체계P 있어서 는) P의 무모순성은 P가 무모순인 한 P로는 증명 가능하지 않다 (물론 P가 모순되어 있으면 모든 명제는 P로 증명 가능하다).

같은 조건하에서 「결정 불가능한, 즉 그 자신도 그 부정도 증명할 수 없는 것과 같은 명제가 그 체계 내에 반드시 존재한다」라고 하는 이 논문의 최초의 주장을 「괴델의 제1불완전성 정리」라 부르는 것에 반해서 이 [정리 XI], 즉 「산술을 포함하는 형식적 체계의 무모순성은 그 체계 내에서는 증명할 수 없다」라는 주장은 오늘날 「괴델의 제2불완전성 정리」라 부르고 있다.

「힐베르트의 프로그램」에 대한 '사망선고'

「힐베르트의 프로그램」의 궁극적 목표는 온갖 수학이론의 무모순성을 증명하여 전수학에 무모순성이라는 새로운 「절대적 진리」의 확고한 기반을 부여하는 것에 있었다. 그 의미에서 말하면 이 「괴델의 제2불완전성 정리」는 '힐베르트의 꿈'이 영원히 못 다 이루는 꿈이라는 것을 알리고 있다. 「힐베르트의 프로그램」에 대한 사망선고와

〈그림 6-4〉"(힐베르트의) '설계도'에 충실하게 따랐던 것인데"

같은 것이다.

그러나 괴델은 다음과 같이 말하여 힐베르트의 뜻(志)을 옹호하고 있다.

（이 결과는) 힐베르트의 형식주의적 견해를 반박하는 것은 아니라는 것에 주의하기 바란다. 이 견해는 무모순성의 증명을 유한의 입장에서 행한다고 하는 것만을 필요조건으로서 인식하는 것이어서 형식적 체계(의 내부)에서는 표현할 수 없는(확장된) 유한의 입장에서의 증명의 존재는 확신할 수 있기 때문이다.

( ) 안은 나의 보충이다. 그건 그렇다 하더라도 기묘한 발언이라고는 생각하지 않는가? '유한의 입장'은 형식적 체계를 그것 자체로 자기완결 시키기 위해 요청된 규범이었을 것이다. 체계 밖의 수단을

채용하지 않으면 안 되는 것과 같은 무턱대고 한 확장은 본질적으로 '유한의 입장'의 야금 야금식의 해체로 연결될지도 모른다.

그래서 이 논평은 괴델의 본심이라기보다도 힐베르트와 그 학파를 의식한 상당히 정치적인 것이 아니었는가라고도 일컬어지고 있다.

「속편」의 문제에 대해서도 마찬가지다. 이 논문의 마지막은 「속편」—만일 쓰여져 있다고 하면 「『프린키피아 마테마티카』 및 관련되는 여러 체계에 있어서의 형식적으로 결정 불가능한 여러 명제에 대해서 II」라고도 제목을 붙였을 것이나—의 예고로 끝나고 있다.

> 이 논문에서는 전체로서 체계P(P란 PM에 페아노의 공리계를 부가한 형식적 체계를 말함)에 논의를 한정시켜 그 밖의 체계에 대해서는 그 적용을 지적하였을 뿐이었다. 그 결과가 완전히 일반성을 가진 주장과 증명은 곧 이어서 멀지 않아 출판될 것이다. 그 논문에 서는 여기서는 대략적으로밖에는 행하지 않았던 정리 XI의 증명에 대해서도 상세히 할 작정이다.

1931년의 논문은 여기서 끝난다. 그리고 앞에서 말한 것처럼 이 논문은 결국 쓰이지 않고 끝나 버렸다.

3. 「불완전성 정리」의 쇼크

반론(反論)할 수 없고

괴델이 불완전성 정리에 대한 논문의 「속편」을 쓰지 않은 것은 어째서였을까? 다케우치 가이시 교수는 '사실은 다음과 같다'라고 하여 이렇게 언급하고 있다.

괴델은 힐베르트학파의 맹렬한 반발을 예기하고 있었다. 따라서 괴델의 의도는 힐베르트학파의 반론을 보고 그 반론을 설득하는 형태로 쓰려고 한 것이다. 그런데 괴델은 Ⅱ를 쓰지 않고 끝나 버렸다. 실제로는 힐베르트학파는 괴델의 논문을 즉각 이해하여 아무런 반론도 하지 않았던 것이다.

그러면 왜 힐베르트학파로부터는 아무런 반론도 나오지 않았을까? 그 이유는 힐베르트 자신이라고 하는 것보다 「힐베르트의 프로그램」 바로 그것의 기본 이념에 있었던 것 같다.

힐베르트는 모든 수학이론을 형식화하여 형식적 체계에서의 '산술'에 의해서 그 무모순성을 증명할 수 있다는 아이디어를 갖고 있었다. 힐베르트에 있어서 초수학이란 산술 이외의 아무것도 아니었던 것이다.

이와 같은 "힐베르트가 평소 말하고 있던 것, 생각하고 있던 것을 가장 정직하게 실행한"(다케우치 교수) 것이 바로 괴델이었던 것이다. 그리고 "운명의 얄궂은 부분이지만 힐베르트학파의 밖에 있는 괴델이 힐베르트의 의도를 가장 충실하게 수행하여 힐베르트가 목표로 한 것과는 정반대의 것을 증명해 버린 것(다케우치 교수)"이다.

'괴델 쇼크'

힐베르트학파의 사람들의 입장에서 보면 이것은 역시 상당히 충격적이고 억울한 일이었음에 틀림없다.

베르나이스는 '우리들이 하려고 생각은 하면서도 게을러서 하지 않은 것을 부지런한 괴델이 수행하였다'라고 자기비판하고 폰 노이만은 무모순성의 증명을 주제로 해서 행하고 있던 강의를 중단해 버

린다. '괴델의 결과로 이 강의도 무의미하게 되었으니 그만 둔다'라
고 하는 것이다.

그러나 누구보다도 더 절망의 구렁텅이에 빠지게 된 것이 힐베르
트 본인이었을 것임은 쉽게 상상이 된다. 『기하학의 기초』이래 30
년 동안이나 끊임없는 노력과 투쟁 끝에 겨우 스스로의 프로그램이
막 궤도에 오른 것같이 보이던 참에 일어난 '사건'이었기 때문이다.

한때 프레게는 오랜 세월을 들인 평생사업이 바야흐로 완성되려
던 그 때에 러셀로부터 편지를 받았다. 그때의 심경을 프레게는 다
음 해에 간행한 『산술의 기본법칙 II』의 「후기(後記)」에서 이렇게 쓰
고 있다.

　과학자가 그 일을 마치려고 하는 바로 그때에 그 일의 기초를 놓쳐 버리
는 사태에 조우하는 것만큼 바람직스럽지 못한 것은 다시는 없을 것이다.
이 책이 인쇄에 들어가려고 한 바로 그때 나는 러셀 씨로부터 한통의 편지
를 받은 것이다.

힐베르트도 아마 이때의 프레게와 똑같은 인생의 쓴맛을 보았을
것이다. 괴델의 결과를 알게 된 힐베르트는 당초 매우 기분이 나빴
고 단지 무턱대고 화를 내며 '어떻게 할 수 없는 기분을 억누를 수
없었던'(C. 리드) 것 같다. 머리로는 이해가 되어도 심정적으로는 인
정하기 싫은 사실이라는 것이 누구에게도 하나쯤은 있는 법이다.

'그(=힐베르트)'의 연구 생활에서 마지막의 이 위대한 작업에 그를
싫증남이 없이 몰아세우고 있던 인간의 사유(思推) 능력에 대한 한
도를 모르는 신뢰의 마음은 오히려 그에게 있어서 괴델의 결과를 받
아들이는 것을 심리적으로 거의 불가능한 것으로 하였다'라고 전기
(傳記) 작가는 쓰고 있다.

노병(베테랑)은 죽지 않는다

그러나 러셀의 편지 후 새로운 작업에 일체 손을 대는 일이 없었던 프레게와는 달리 늙은 힐베르트는 온힘을 다하여 이 좌절감을 극복하고 머지않아 이 문제에 '건설적으로 몰두하기 시작'하였다. 그리고 3년 후인 1934년에 간행된 베르나이스와의 공저 『수학의 기초 I』의 서문에서 힐베르트는 다음과 같이 써서 스스로의 프로그램에 대한 반성과 집착을 표명하고 있다.

괴델의 정리에 의해서 수학의 기초 부여에 대한 나의 프로그램이 쓸모없게 되었다고 하는 의견은 완전히 잘못이라는 것이 판명되었다. 괴델의 정리는 무모순성의 증명에 있어서 유한의 입장을 더 날카롭게 사용하지 않으면 안 된다는 것을 말하고 있을 뿐이다.

이렇게 일방적으로 단정함으로써 힐베르트는 다른 사람에게는 이해가 되지 않아도 적어도 늙고 상처 입은 자기의 마음에만은 납득시킬 수 있었는지도 모른다. 다케우치 교수는 '허세를 부린 표현 속에 오히려 힐베르트의 슬픔을 본다'라고 감상을 말하고 있다.

힐베르트가 가장 빠른 시기에 목표로서 내세운 '산술의 무모순성의 증명'은 이렇게 해서 엄밀한 의미에서의 '유한의 입장'으로부터는 원리적으로 증명 불가능한 것이 명백히 되어 버렸으나 '확장된' 형태로서의 증명은 힐베르트의 수정노선(修正路線)에 따른 형태로 1936년에 겐첸의 손에 의해서 실현되었다.

겐첸의 분투와 죽음

여기서 겐첸은 「초한귀납법(超限歸納法)」이라고 부르는 방법을 사용해서 무모순성의 증명에 성공하고 있다. 이것은 자연수보다 훨씬

큰 초한순서수로까지 귀납법을 확장하여 그 수준에서 '유한의 입장'
을 사수(死守)하려고 하는 것이다. 물론 괴델의 결과로부터 하는 수
없이 나온 '고육지책(苦肉之策)'이기는 하였으나 '괴델 이후'에 이룩
된 '증명론'의 최초의 큰 성과였음에는 틀림없다.

게하르트 겐첸은 1909년생으로서 1934년부터 힐베르트의 조수로
근무하고 있었다. 정기적으로 힐베르트의 집을 방문하여 노대가(老大
家)의 부탁에 따라 독일의 시인 쉴러(Schiller)의 시를 큰 소리로 낭
독하였다고 한다. 1943년부터 프라하의 독일대학에서 강의를 맡고
있었으나 거기서는 비극적인 최후가 기다리고 있었다.

"1945년 5월 그와 그의 동료들은 새로운 권력자의 관리 하에 놓
여져 8월 4일 당시를 지배하고 있던 혼란 속에서 수개월에 이르는
격심한 육체적 고통을 받은 후 수용소의 딱딱한 나무침대 위에서 영
양실조로 비참한 최후를 마치게"(구라다 레이저로 씨) 된 것이다. 향
년(李年) 불과 35세. 한창 일할 나이의 갑작스런 불행이었다.

그런데 우리들의 주인공도 생의 최후는 '영양실조'로 죽음을 맞이
하게 된다. 전대미문의 영광에 싸인 가운데에서의 고독한 '아사(餓
死)'였다. 그건 그렇다 하더라도 불완전성 정리의 증명이라고 하는
전인미답(前人未踏)의 위업을 이룩한 사람이 왜 '아사'를 선택하지
않으면 안 되었던 것일까? 다음 장에서는 사적(私的)인 면에서 이
천재의 비밀에 다가서 본다.

3. 천재란 무엇인가?

1. 빈의 천재의 '빛과 그림자'

'어째서 도령'과 지병(持病)의 시작

쿠르트 프리드리히 괴델은 1906년 4월 28일 체코슬로비키이 모라비아 지방의 브륜에서 태어났다. 과학사상 브륜은 유전법칙의 발견자 멘델이 활약한 곳으로서 유명하다.

부친은 빈 출신, 모친은 라인 지방 출신의 공히 독일어계 주민이었던 괴델가(家)는 브륜에서는 소수파에 속해 있었다. 그러한 까닭으로 쿠르트도 독일어의 학교를 다니고 체코말의 선택 코스는 택하고 있지 않다.

가족 구성은 양친과 형제 두 사람. 형 루돌프는 네 살 위였다. 쿠르트는 아버지 루돌프가 31세, 어머니 마리안네가 17세 때에 낳은 아이인 것 같으나 단순히 계산하면 마리안네는 상당히 일찍 아이들을 낳은 것이 된다. 또한 그녀에게는 '다발성 뇌척수 경화증'이라고 하는 지병이 있어 밖에 나돌아 다니지 않고 오로지 집안에서 두 아이들의 교육에 전념하고 있었다고 한다.

유년 시대의 괴델은 섬세하고 신경질적인 아이였다고 한다. 한편 호기심도 유달리 강하고 언제나 '왜?, 어째서?'를 연발하고는 부모를 난처하게 하고 있었기 때문에 가정 내에서는 '어째서 도령'이라고 부르고 있었다.

1911년 5세 때에는 가벼운 불안신경증이 나타난다. 또한 1914년 8세 때에는 류머티즘을 앓아 심한 통증을 경험한다. 그때 어머니의 백과사전에서 '류머티즘에 걸리면 심장병의 후유증이 남는다'는 것을 알고 자기 심장에는 결함이 있다고 굳게 믿게 된다. 훗날 괴델을 괴롭히는 신경증이나 건강 노이로제는 근원을 캐면 이 유년기의 체험에 기인하고 있다고 보는 사람도 있다(형 루돌프의 견해).

학교 성적은 대단히 좋고 특히 어학에는 다대한 흥미를 갖고 있었다고 한다. 성적표는 항상 전과목 '수'였으나 단 한번 산수에서 '수'를 놓치고 '우'를 받았다.

수학자로의 길

괴델이 수학에 흥미를 갖기 시작한 것은 14세 때로서 해석학의 입문서에 자극을 받아서였다라고 훗날 본인이 말하고 있다. 갖가지의 수학자를 보아도 대체로 14~15세에 수학의 재미에 눈을 뜨는 경우가 많은 것 같다. 산수를 잘 했기 때문에 수학으로 진출했다고 하는 예는 특히 19세기 후반 이후는 매우 드문 것처럼 생각한다. 수학은 산수처럼 단순한 계산이나 퍼즐적인 착상의 집성(集成)은 아니고 관념적인 조작이나 구조의 학문이라고 하는 측면을 강하게 갖고 있기 때문에 정말 주체적으로 흥미를 느끼게 될 때까지는 어느 정도의 인격적인 성숙이 필요하다는 증거일 것이다.

16세부터 칸트를 읽기 시작한다. 철학에 대한 관심은 일생 계속되고 1930년대부터 40년대에 걸쳐서는 라이프니츠를 상당히 본격적으로 연구하고 있고 1959년 이후는 후설의 현상학에도 관심을 보였다.

1924년 18세의 괴델은 빈 대학에 입학하였다. 다만 입학 시에는 물리학 전공이었다. 그러나 대학에서는 힐베르트의 제자 필립 푸르트뱅글러의 수학(정수론) 강의에 감명을 받아 1926년에 수학과로 옮긴다. 이 푸르트뱅글러는 저명한 지휘자 빌헬름 푸르트뱅글러의 사촌이 되는데 목부터 아래 부분이 부자유한 몸이었다. 교실에 필체

〈그림 7-1〉 괴델과 아내 아델

어로 와서는 구술(口述)만으로 강의를 하고, 흑판에 쓰는 것은 조수
의 일이었다. 현대로 말하면 젊은 괴델의 눈에 그는 스티븐 호킹 같
은 영웅으로서 비쳤는지도 모른다.

아델과의 사랑 그리고 힐베르트와의 일생에 한 번의 만남

1927년 21세의 괴델은 빈의 밤의 번화가에서 댄서를 하고 있던
아델 님블스키와 만나 사랑에 빠진다. 아델은 한 번의 이혼 경력이
있고 괴델보다 여섯 살 연상인데다가 얼굴에는 약간 눈에 띄는 타고
난 점이 있었다고 한다.

그러한 까닭으로 가족의 반대에 부딪혀 혼담(婚談)은 바로 진척되
지 않았으나 두 사람은 동거하거나 여행하거나 하여 연애관계를 계
속하고 만난 지 11년 뒤인 1938년에 경사스럽게 결혼할 수 있었다.
그리고 괴델은 평생 이 '누님 아내'를 사랑하였다.

〈그림 7-2〉 단 한 번의 만남(1930년 9월)

괴델의 재학시절 빈 대학은 논리실증주의를 표방하는 슈릭이 거느리는 '빈학단(學團)'의 전성기로서 괴델도 그 회합에 출석하거나 하였으나 의견이 맞지 않아 뒤에 인연을 끊는데 애를 먹었다.

1929년 2월 23일 55세라는 젊은 나이로 부친 루돌프가 전립선(前立腺)의 종양 때문에 세상을 떠난다. 모친 마리안네는 빈에 아파트를 빌려 두 아들과 함께 지내기로 하였다. 이 해 가을에 「완전성 정리」의 학위논문을 제출한 것은 이미 언급했으나 다음 해 1930년 2월 6일 괴델은 이것으로 빈 대학에서 수학 Ph. D.(박사학위)를 받고 있다.

1930년 9월 쾨니히스베르크에서 독일 과학자·물리학자 협회의 회의가 개최되고 괴델도 출석하고 있다. 이 회의의 개회식에서 쾨니히스베르크 시는 같은 시 출신의 힐베르트에게 '명예시민'의 칭호를 수여하고 이 수여식 후 힐베르트에 의한 역사적인 강연 「자연인식과 논리학」이 행해지고 있다. 이 강연의 마지막에 70세가 되는 늙은 힐베르트로부터 그 유명한 말이 이야기된 것이었다.

〈그림 7-3〉존 폰 노이만

우리들은 알지 않으면 안 된다.

우리들은 알 것이다.

이렇게 강한 어조로 이야기한 뒤 힐베르트는 소리를 내어 웃었다고 전해지고 있다. 이때 24세의 괴델은 어김없이 청중 속에 있었을 것이다. 괴델은 힐베르트의 이 말과 홍소(哄笑)를 어떠한 생각으로 듣고 있었을까?

괴델은 불완전성 정리의 기본적 아이디어를 이미 이 회의 직전에 얻고 있었다. 8월 26일에는 그 건(件)에 대해서 논리학자인 카르나프와 논하고 있다. 더욱이 회의 중 한창 토론하는 도중에 이 아이디어를 조심스럽게 구두로 발표하였다.

매사를 느긋하게 그러나 근본으로부터 웅대하게 생각하는 타입의 힐베르트가 이 괴델의 발언을 듣고 있었는지 어떤지, 또 듣고 있었다 해도 즉각 사안의 중대성을 알아차리고 있었는지의 여부는 알 수 없다.

그러나 힐베르트와는 대조적으로 번개처럼 민첩한 이해력을 갖고 있었던 힐베르트학파의 준재(俊才) 폰 노이만은 즉석에서 괴델의 발언에 대한 의미를 이해하였다. 그리고 첫 대면이면서도 회의 후에 괴델과 개인적으로 이야기를 하고 그때에는 괴델 자신조차 아직 애매하게밖에는 파악하고 있지 않았던 「제2불완전성 정리」의 발견을 예견하였다고 일컬어지고 있다. 이리하여 괴델이 불완전성 정리의 논문을 완성하여 '알 수 없는 것'의 존재를 명시하는 것은 그로부터 불과 2개월 뒤의 일이었다. 그리고 괴델이 힐베르트의 모습을 본 것은 뒤에도 앞에도 이 회의 때문이었던 것이다.

나의 벗 폰 노이만

이 회의에서의 폰 노이만과의 만남도 괴델에 있어서는 일생을 좌
우할 만큼의 결정적 사건이 되었다. 학문적인 교류도 그럴 만하지만
3년 뒤에 폰 노이만이 프린스턴 고등연구소의 교수로 취임해서부터
는 빈번한 연구소 방문과 머지않아 동연구소에 정착하게 된 것이
다름 아닌 이 교우 관계 바로 그것이었다.

1933년 3월 괴델은 빈 대학의 개인강사가 되지만 여름학기(學期)
에 「산술의 기초」를 강의하고는 가을에는 폰 노이만의 초청에 따라
개설한 지 얼마 안 되는 프린스턴 고등연구소를 방문하여 연구와 강
의를 위해 8개월 가까이 체류하고 있다. 훗날 깊은 교분을 맺게 되
는 아인슈타인과 처음 만난 것도 이때의 일이다. 이 최초의 체류 시
에는 동연구소에는 아직 정식 건물조차 없고 괴델처럼 임시로 방문
하고 있는 연구자를 부르는 명칭도 결정되어 있지 않았기 때문에 그
해의 연구소원 리스트에는 괴델은 '노동자(Worker)'의 신분으로 기
재되어 있었다고 한다.

병에 지지 않는 집중력

1934년 5월 유럽으로 되돌아온 괴델은 완전히 신경쇠약에 빠져
든다. 배에서 내리자 갑자기 불안 발작이 일어나 파리에서 빈에 있
는 형 루돌프에게 전화를 걸어 마중 나오도록 애걸하였다. 그 뒤 처
음으로 요양소 출입을 하였다.

다음해 35년도 역시 여름에 빈 대학에서 강의를 한 뒤 가을부터
프린스턴 고등연구소에 가기는 했으나 1개월 뒤에 우울증과 과로로
정신적으로도 육체적으로도 쇠약해진다. 급거 귀국해서 요양소에서
요양생활을 보냈다.

그러나 이 동안에도 '선택공리의 무모순성의 증명'과 같은 참으로

획기적인 일을 하고 있었으니 놀랄만한 집중력이라 말할 수 있을 것이다. '정신적 이상 상태 후에 머리가 잘 돌아가고 수학상의 업적을 올렸다'라고 일컬어지는 칸토어의 이야기가 생각난다(2장 참조).

나치의 그림자

시대는 차츰 전쟁으로 향하고 있었다. 유태인이었던 빈학단의 슈릭이 강의 중에(대학의 계단에서라는 설도 있다) 나치(제자라는 설도 있다)에 사살된다고 하는 충격적인 사건이 일어난 것도 이때쯤의 일이다(1936년 6월 22일). 그러나 이 해에 괴델은 정신면에서의 건강 상태가 아주 나빠서 1년의 태반을 요양소에서 보냈다.

1938년 3월 나치 독일이 드디어 오스트리아를 점령한다. 나치의 '신질서'에 따라서 개인강사의 직종이 폐지된다. 그러나 대부분의 사람은 자동적으로 새로운 제도의 강사로 등록되었다. 이것은 분명히 유태인 대책이다. 그리고 괴델은 공교롭게도 이 제도 변경 때에 유태인으로 오인되어 채용이 안 되어 버린다.

이러한 말썽은 있었으나 1938년이라고 하는 해는 괴델에 있어서 학문적으로도 또한 인생으로도 결실이 많은 해였다.

학문상의 일로는 이 해의 봄부터 여름에 걸친 정력적인 연구의 결과 괴델은 그의 3대 업적의 마지막의 하나라고 일컬어지는 '일반 연속체 가설의 무모순성에 대한 증명'을 얻고 있다. 그리고 9월 20일 10년 남짓의 사랑이 결실되어 괴델은 아델과 정식으로 결혼한다. 신랑 32세, 신부 38세였다.

결혼 당초 때의 일이라고 생각하는데 두 사람이 거리를 걷고 있었더니 괴델을 유태인으로 착각하여 폭한이 습격한 일이 있었다. 이때 용감한 아델이 핸드백을 휘둘러서 폭한을 격퇴하였다고 한다. 어쩐지 연약한 폭한인 것 같아서 웃어버리게 되나 어지간히 괴델이 빈

약하게 보였을 것이다. 실제 괴델은 "외국인으로서는 진기하게도 일본인과 비교해도 몸집이 작고 채식(菜食)주의자"(다케우치 가이시 교수)였다.

괴델은 유태인?

괴델이 유태인이라고 하는 오해는 그 뒤에도 꼬리를 끌어서 노벨문학상을 수상한 '문호' 러셀조차 그 유명한 세계문학사상의 명작 『자서전』속에서 그러한 견해를 갖고 있다.

이것을 알게 된 괴델의 반론도 기록에 남아 있어 아주 격렬한 말의 주고 받음으로 되어 있다. 재미있는 대결이기 때문에 조금 길어지지만 양 쪽을 인용한다(역문은 고히라 세이 씨에 따른다).

우선은 '경박한' 러셀의 이야기에서.

나는 주1회 아인슈타인의 집에 가서 그와 괴델과 파울리(노벨 물리학상 수상자)와 토론을 하였다. 그 토론에는 약간 실망했다.

왜냐하면 이 세 사람은 모두 유태인이고 망명자이며 따라서 그 지향(志向)은 코스모폴리탄이었음에도 불구하고 형이상학에 대해서 독일적 편견을 갖고 있었다는 것을 알았기 때문이다. 괴델은 매우 순수한 플라톤주의자이고 그는 분명히 영원의 '부정(否定)'은 천국(天國)에 마련되어 있고 거기에서 순진한 논리학자들이 내세(來世)에 그것과 만나는 것을 희망할 것이라고 믿고 있었던 것 같다.

이에 대한 괴델의 반론은 이러하다.

러셀의 자서전의 문장 중에서 나에 관한 한 우선 말하고 싶은 것은 나는 유태인은 아니다(이것은 진실이기 때문에 말하는 것이어서 이 문제는 그다지 중요하지 않다).

두 번째로 말하고 싶은 것은 이 글은 내가 러셀과 여러모로 토론을 한 것 같은 인상을 주나 이것은 전적으로 잘못되어 있다. 나는 단 한번만 토론한 것을 기억하고 있다.

세 번째로 나의 '순수'한 플라톤주의에 대해서 말하면 1921년에 러셀은 『수리철학입문』에서 '논리학은 동물학과 전혀 마찬가지로 실재하는 세계를 취급하고 있다. 다만 보다 일반적 추상적인 성질에 대한 것이기는 하나'라고 말했으나 나의 플라톤주의는 그렇게 말했을 때의 러셀의 플라톤주의보다도 '순수'하지는 않다. 그때 분명히 러셀은 이미 현세(現世)에서 '부정'과 만나고 있었으나 그러나 뒤에 가서 비트겐슈타인의 영향을 받아 그것을 간과하기로 한 것이다.

2. 프린스턴 고등연구소—평안과 불안

미국망명, 아인슈타인과의 교우

유태인으로 생각된다는 것은—그것 자체는 그다지 중요한 문제는 아니나—1939년경의 나치 독일의 점령지역에서 지내는 것은 분명히 불리하기도 하고 또한 생사에 관계되는 일이기도 하였다. '신제도'하에서의 빈 대학의 강사의 신청이 여간해서 받아들여지지 않는 일도 있어 괴델은 드디어 유럽 탈출을 결심하게 된다.

출국비자나 통과허가증 입수를 위해 빈이나 베를린의 영사관에 뻔질나게 다녀 드디어 1940년 1월 18일 괴델 부부는 빈을 뒤로 하고 미국으로 향하였다. 정세가 혼란한 만큼 대서양 횡단의 '가까운 길'을 체념하고 시베리아 철도를 경유해서 태평양을 우회하는 '장정(長征)'의 길을 선택했다. 도중에 요코하마에도 들렀으나 괴델은 배에서 한걸음도 밖으로 나오지 않아 결국 일본 땅을 밟는 기회는 없었다.

샌프란시스코에 도착한 것은 3월 4일, 미국에서의 정착지(定着地)
는 창설 이래 해마다 방문하고 있던 프린스턴 고등연구소였다. 여기
에는 과학계의 '신' 알베르트 아인슈타인이 있었다. 아인슈타인은 괴
델보다도 27세나 연상이었으나 두 사람은 매우 사이가 좋아 이상적
인 우정관계를 맺고 있었다고 한다.

두 사람은 집도 가깝고 가족 전체의 교제로 두 사람이 동행해서
산보하고 있는 모습은 사진에서도 낯익다. 학문적인 자극을 보다 많
이 받은 것은 당연히 나이가 젊은 괴델 쪽이었다. 훗날 괴델은 아인
슈타인의 상대성 이론을 공부하여 오늘날 '괴델의 우주'라고 부르는
독자적인 우주론까지 구축하고 있다(1949). 이 우주에서는 과거로의
시간여행(Time Trip)도 가능하여 과연 이것에는 아인슈타인도 납득
하지 않았다는 이야기가 남겨져 있다.

아인슈타인이라고 하면 세계 제일의 유명인물이다. 아들이 그 큰
인물과 교유(交遊)가 있다는 것을 알고 어머니 마리안네는 '엉겁결에
감동한 나머지' 즉시 '아인슈타인의 이론을 공부하려고 생각한다'라
고 사랑하는 아들에게 편지를 쓴다.

그에 대한 괴델의 답장은 "추상적인 개념을 두려워할 것은 없습니
다. 맨 처음에는 모두를 이해하려 하지 말고 소설을 읽는 것처럼 읽
어 나아가기 바랍니다."였다.

어머니 마리안네가 과연 상대성이론을 '소설을 읽는 것처럼 읽어
나아 갈 수' 있었는지 아닌지는 분명하지 않다.

미국 헌법에는 커다란 모순이 있다?

1940년에 미국으로 이주한 괴델이 미국의 시민권을 취득한 것은
이럭저럭 8년 뒤인 1948년 이후의 일이었는데 여기서도 하나의 말

썽이 일어난다.

시민권을 취득하기 위해서는 간단한 구두시험을 받지 않으면 안된다. 괴델은 미국이라는 나라를 알기 위해 미국 헌법 공부부터 시작하였다. 그런데 거기서 발견한 것은 모순투성이의 조문(條文)이고 그건 고사하고 헌법에 충실한 한 논리적으로는 미국이 언제라도 합법적으로 독재자의 나라가 될 수 있다는 사실이었다. 괴델은 이내 이 '발견'을 친한 벗인 오스카 모르겐슈타인에게 이야기한다.

모르겐슈타인이 놀란 것은 당연하였다. 물론 괴델의 위대한 '발견'에 놀란 것은 아니다. 이것으로는 구두시험도 위태롭다고 염려하였던 것이다.

1948년 4월 2일 괴델은 증인인 아인슈타인과 모르겐슈타인을 따라 구두시험장으로 향하였다.

시문관(試問官)과 어떠한 말을 주고받았는지는 알 수 없으나 아무튼 괴델이 무사히 미국의 시민권을 취득할 수 있었던 것은 강력한 증인들의 도움이 컸을 것이다.

괴델의 처세의 지혜라고 하는 것은 대체로 이 정도였기 때문에 이만큼의 큰일을 완수한 인물이면서 연구소에서의 '출세'는 이것 또한 어이가 없을 만큼 늦다. 우선 소위 종신(終身)연구원의 자격을 얻는 데까지 6년이나 걸리고 있다. 그때까지는 매년 연구소와 1년마다의 고용계약을 갱신하지 않으면 안 되었다. 괴델이 종신연구원으로 된 것은 1947년이다. 41세가 되어서 겨우 '계약사원'에서 '정(正)사원'로 승격한 셈이다.

고고(孤高)한 사람

사실은 1년 전인 1946년, 즉 40세 때 괴델은 한 번 죽음을 각오한 일이 있었다. 이전부터 '자기는 환자인데도 의사는 일부러 그것을 이해하지 않는다'라고 굳게 믿어 의사 전체에 불신감을 품고 있던 괴델은 악화된 십이지장궤양의 치료를 그 불신 때문에 늦춰 수혈을 해서 간신히 한목숨을 건진 것이다. 이때 괴델은 죽을 때가 다가왔다고 생각하여 '백조의 노래'로도 될 말한 미발표 논문을 폰 노이만에게 유서로서 맡기고 있다.

이때에는 결국 괴델은 회복되고 그 논문은 발표되지 않은 채 끝나 버렸다. 누군가가 왜 발표하지 않았는가를 물었더니 괴델은 '그 방법이 논리(Logic)를 잘못된 방향으로 유도하는 것을 두려워했기 때문'이라고 대답했다고 일컬어지고 있다.

1951년 괴델은 제1회 알베르트 아인슈타인 상을, 뒤에 노벨 물리학상을 파인먼이나 도모나가 신이치로(朝永振一郎) 박사와 동시에 수상하게 되는 J. S 슈윙거와 함께 수상하였다. 이때의 수상식에는 괴델도 출석하고 있으나—아주 좋아하는 아인슈타인을 기념한 상이기 때문에—사실은 이때가 괴델이 미국에 와서 공공의 식전(式典)이나 학회에 출석한 최초이자 최후의 것으로 되었다. 정말 내성적인 사람이었던 것이다.

괴델이 간신히 프린스턴 고등연구소의 교수로 승진한 것은 그로부터 2년 후인 1953년, 47세 때이다. 자신은 30세에 동연구소의 교수로 된 폰 노이만은 평소 '괴델이 교수도 아닌데 어찌 우리들이 교수직에 머물러 있을 수 있을까'라고 한탄하고 있었다. 괴델의 '출세'가 늦은 이유는 여러 가지 소문이 있으나 아무래도 교수회 중에 한 사람의 강경한 반대파가 있어 결실되지 않았다고 하는 정도로 알고 있다.

1950년대 전반은 아인슈타인 상이나 고등연구소의 교수 취임을 전후해서 예일대학 명예박사(51년), 하버드대학 명예박사(52년), 전미국 과학 아카데미 회원(55년) 등, 학자로서 영예에 빛나는 시기였다. 그러나 후반에서는 아인슈타인의 죽음(55년), 폰 노이만의 죽음(57년) 등이 계속되고 건강도 해쳐서 차츰 고독의 그림자가 짙어갔다.

심해지는 강박관념

그러한 가운데 괴델은 연속체 가설의 최종적인 해결을 지향하고 있었다. 이에 대해서는 다케우치 가이시 교수의 흥미진진한 담화가 있기 때문에 그대로 소개해 둔다.

이 문제에 대해서 괴델은 심한 강박관념을 갖고 있었다. 이것은 타르스키가 말하는 것인데 괴델은 자기가 연속체(가설의) 문제를 풀지 않으면 프린스턴 고등연구소의 교수직을 박탈당한다고 생각하고 있었다고 한다. 연구소 교수직을 멋대로 박탈하는 것 등 미국에서 생길 리 없는 일이나 괴델은 그렇게 굳게 믿는 이유가 있다고 하는 것이다. 괴델은 한때 빈 대학에서 개인강사직을 맡고 있던 일이 있으나 그 자격을 박탈당한 일이 있다. 이러한 일도 전례가 없다. 전례에 없는 일을 입은 경험이 괴델에게는 있는 것이다. 언젠가 사무상의 착오로 월급이 2~3일 늦은 일이 있었다. 이때 괴델은 아내에게 자기는 프린스턴 연구소에서 해고된 것 같다고 말했다는 이야기도 있다.

쓸쓸한 생의 최후

유아기부터의 불안신경증이 점점 괴델의 섬세한 정신을 잠식하고 있었는지도 모른다. 특히 자기의 건강상태에 대한 불안감은 크고 그에 반해서 의사에 대한 불신감은 강하다는 것 때문에 양자가 악순환이 돼서 불안의 싹을 점점 크게 키워 간 것 같다.

1970년대에 들어갈 무렵은 아내 아델도 병이 잦아서 수술을 받기는 하였으나 그 후 두 번이나 졸중(卒中)으로 쓰러져 재활을 위해 입원, 퇴원을 반복하고 있었다. 이때 괴델은 헌신적으로 그녀를 간호하고 있었다. 그러나 스스로도 전립선 장해로 고생하고 덤으로 극단적인 소식(小食)과 채식(菜食)주의 때문에 차츰 수척해지고 우울증 속으로 빠져 갔다.

다시 다케우치 가이시 교수의 담화를 인용한다.

괴델의 만년은 노인문제의 전형(典型)과 같은 것이었다. 그 자신이 노령이고 병든 몸인데다가 부인이 병든 몸이 되어 일상생활을 어렵게 지내게 되어 버렸다. 내가 아는 한 괴델은 일상생활에 대한 생활 능력은 제로의 사람이었다. 괴델이 요리를 만들거나 청소를 하거나 하는 일은 나로서는 상상도 할 수 없다. 당시 어떻게 해서 생활을 할 수 있었는지 나로서는 알수 없다.

가장 만년의 마지막 2년간은 우울증과 편집증(偏執症)으로 계속 고생하고, 자기가 독살되는 것이 아닌가라고 두려워한 나머지 제대로 식사도 못하였다고 한다. 쇠약할 대로 쇠약해진 끝에 괴델은 1977년 12월 29일 마지막까지 계속 거부해 온 입원을 어쩔 수 없이 하게 된다. 그러나 입원은 단기간으로 끝났다. 추운 겨울날 괴델은 병실의 의자에 앉은 채로 세상을 떠났기 때문이다.

사인은 '인격 장해에 의한 쇠약', '영양실조 및 기아위축(鐵飯萎縮)' 즉 '아사(餓死)'였다. 1978년 1월 14일의 일이다. 뒤를 쫓듯이 아내 아델이 세상을 떠난 것은 그로부터 3년 후인 1981년 2월 4일의 일이었다.

3. 이성의 승리를 믿은 사람

'괴델=기인'설의 불모(不毛)

괴델이라고 하는 천재의 생애를 간단히 보아왔으나 정신면에서의 불안정성을 별개로 하면 특별히 내세울 만한 큰 파란도 좌절도 없이 논리적인 지성과 꼼꼼한 성격과 질서 있는 생활습관을 관철한, 외면적으로는 비교적 '평범한' 일생이었다고 말할 수 있을지도 모른다.

일상생활에 있어서 사람을 싫어하고 의사를 싫어하는 등의 기행(奇行)의 가지가지도 아마 너무나도 지나치게 섬세했던 신경과 정신질환 때문이었을 것이다. 이 책은 괴델의 병적학(病績學, Pathograph)을 추궁하는 책은 아니기 때문에 정신병리학적인 화제에는 깊이 들어가지 않는다.

그러나 이러한 측면만을 미세하게 채택하여 흥미본위로 괴델의 '이상성(異常性)'를 부각시킨 책도 적지 않다. 예컨대 최근 널리 읽혀진 책 중에는 에드 레지스의 『아인슈타인의 방』이 그 전형이라고 말해도 될 것이다.

이 책에는 아인슈타인을 비롯해서 폰 노이만, 오펜하이머 등 프린스턴 고등연구소에서 활약한 대과학자들의 인물과 업적이 소개되어 있으나 괴델이 등장하는 것은 「매우 높은 신비의 지배자」라고 제목이 붙여진 제3장이다.

저자인 레지스는 철학박사학위를 가진 미국의 사이언스 작가(Science Writer)이나 내가 보는 바로는 이 책은 위대한 과학자들에 대한 일개 저널리스트의 원념(怨念)이 채워진 책으로서 괴델의 취급도 시종 악의로 가득 차있다고 말하지 않을 수 없다.

예컨대 괴델이 아델과 사랑에 빠져 결혼을 희망했는데도 양친의 반대에 부딪힌 에피소드를 구실로 삼아 레지스는 이렇게 적고 있다

(번역문은 大貫昌子. 이하 마찬가지).

그의 양친은 귀여운 쿠르테르(쿠르트의 애칭)의 배필로 카바레의 무희 등은 당치도 않다는 듯이 맹렬히 반대하였다. 언제나 부모 말을 잘 듣는 괴델은 그때에도 부모의 분부에 따라 체념했는데 권위자에 대한 그의 이 무기력(無氣力)은 그의 일생을 통해 몇 번이고 되풀이되고 있다. 이 한없는 깊이를 갖는 논리학자, 수학의 완전성을 산산조각으로 때려 부순 저 용감한 파괴자 쿠르트 괴델도 웬일인지 권위 앞에서는 여지없이 굴복해 버리는 것이다.

나로서는 이것은 수긍하기 어려운 일방적인 단정이라고 생각한다. 적어도 레지스가 '세계를 뒤엎을 만한 위대한 사상은 비둘기 걸음으로 다가온다'라는 사실을 모르는 것만은 확실한 것 같다.
일(一事)가 만사(萬事)로서 힐베르트에 대한 태도도 마찬가지다(인용문 중 인명은 역문대로).

수학 기초의 큰 개선공사의 선창자(先唱者)는 다른 사람이 아닌 괴팅겐 대학의 다비드 힐베르트 그 사람이었다. 당시 최고의 수학자로 추앙받고 있던 힐베르트는 무슨 일이라도 무턱대고 끝까지 노력하기만 하면 반드시 해결되는 것이라고 굳게 믿고 있는 완고한 낙관주의자로서 불확정인 것을 모두 없애 버리기 위한 기초개조법을 논한 책이나 논문을 자꾸만 발표하고 있다. 그는 수학 학회 등에서 행한 용감한 고무격려의 대연설로 이름을 떨쳤다.

이와 같이 자신만만하게 야유하면서 예컨대 괴델은 1931년의 논문 속에서 '그들(=힐베르트학파)의 모처럼의 작업도 전적으로 헛수고에 지나지 않는다고 지적하였다'라고 진심으로 쓰고 있다. 저자인 레지스가 논문을 마지막까지 읽고 있지 않은 증거이다(이 책 201페이지 참조).

만일 괴델이 생전에 레지스와 같은 사람으로부터 취재신청을 받았다면 확실히 거절하였을 것이다. 괴델이라고 하는 사람은 그런 사람이었다. 그리고 성격이나 인품에 대한 그 이상의 탐색은 필요 없는 것이 아닌가라고 니는 생각한다.

"진정(眞正) 플라토닉 천국의 주인"(레지스)이었던 괴델이 "권위에 약한데다가 고집불통이고 고루하며 무슨 일을 하는데도 특이한 방법 밖에는 할 수 없는 사나이"(레지스)였는지 어떤지는 우선은 문제가 아니다. 중요한 것은 괴델이 모든 존재를 걸고 몰두한 그 학문의 자세이다. 이 점에 관해서 교토대학의 우치이 소히치(内井德七) 교수가 괴델의 천재를 생각함에 있어서 매우 흥미 있는 견해를 보여 주고 있다.

즉 '괴델의 작업은 물론 제1급의 오리지널 작업이기는 하나', 칸토어처럼 '하나의 새로운 분야를 창조한 인물의 작업과 같은 의미에서 '오리지널'인 것은 아니다'라고 하여 다음과 같이 지적하고 있는 것이다.

무언가 새로운 것을 자기의 소유로 만들어 냈다고 하기 보다는 오히려 다른 사람의 아이디어나 작업을 이용해서 거기에 '멋진 재해석'을 가함으로써 큰 성과를 낳은 것이다.

확실히 불완전성 정리의 증명은 「리샤르의 패러독스」와 칸토어의 대각선논법의 실로 '멋진 재해석'으로 되어 있었다. 또한 이 책에서는 소개하지 않았으나 완전성정리는 1922년의 스콜렘의 논문의 '재해석'이었다는 것이 잘 알려져 있고 훗날의 '연속체 가설의 무모순성의 증명'만 해도 러셀 등의 '형 이론'의 '재해석'으로 보지 못할 것도 없다.

정공법(正攻法)의 발상, 믿기 어려운 노력

그러나 이러한 '재해석'이 생기기 위해서는 어지간히 확고한 시점을 갖고 문제에 달라붙는 것이 필요하게 된다. 여기에 괴델의 학문에 대한 기본적인 자세를 볼 수 있는 것이 아닐는지, 다케우치 교수는 이렇게 말하고 있다.

그의 학풍을 보고 있노라면 언제나 근본적인 문제에 대해서 대개의 사람이 이렇게 결정되어 있다고 굳게 믿고 있는 바를 정말 그럴까? 라고 출발점으로 되돌아가 처음부터 고쳐 생각하는 것으로부터 시작되고 있는 것처럼 생각된다.

마에바라 쇼지(前原强三) 씨도 표현이야 다르지만 마찬가지 인상을 갖고 있었던 것 같아 괴델에 대한 에세이에 이렇게 쓰고 있다.

괴델의 발상법은 결코 기이한 것은 아니다. 오히려 어떤 종류의 문제를 정공법에 의해서 검토함으로써 얻어진 결과이다. 다만 그러한 정공법을 착상하는 데에는 어떤 종류의 천재를 필요로 하였을 것이고 그것을 실행에 옮기는 데에는 보통 이상의 실력을 필요로 하였을 것은 말할 것도 없거니와 지금 와서 생각하면 그러한 재능을 타고나고, 같은 정도의 실력을 갖는 학자는 결코 적지는 않다.

그러면 어째서 그 밖의 유능한 학자들과 괴델과를 구분한 것이었

을까? 마에바라 씨는 그것을 괴델의 철학과 근면성의 두 가지 면에
서 보고 있다. 괴델의 근면성은 일찍부터 유명하여 예컨대 강의나
강연을 하게 되면 몇 개나 상세한 노트를 준비하고 있던 것이 알려
져 있다. 아인슈타인의 기념 논문집에 기고했을 때에도 게재된 논문
은 매우 짧았으나 실제로는 훨씬 더 긴 논문을 여섯 가지나 준비하
고 있었다.

다케우치 가이시 교수가 언젠가 마에바라 씨에게 차근차근 이렇
게 이야기한 일이 있다고 한다.

우리들의 100배도 200배도 머리가 좋은 그러한 사람(=괴델)이 우리들의
100배도 200배도 더 되는 노력을 하고 있는 것을 보면 우리들도 더욱 더
공부하지 않으면 안 된다고 생각하였다.

괴델을 지탱한 철학─실재론

괴델의 철학에 대해서는 '플라톤주의'라든가 '실재론'이라고 하는
평가가 흔히 이야기된다. 즉 괴델은 수학적 대상처럼 추상적인 개념
의 객관성과 실재성을 인정하는 입장에 서있었던 것이다.

예컨대 집합론과 연속체 가설에 대해서도 집합의 개념을 올바르
게 파악할 수 있다면 연속체 가설의 문제에 참된 해결을 가져오는
새로운 집합론의 공리를 당연히 찾아낼 수 있을 것이라고 믿고 있
었다. 그 공리 자체는 인간이 현재 파악하고 있든지 아니든지에 관
계없이 객관적으로 존재하고 있다는 신념이다.

이것이 '괴델의 꿈'이라든가 '괴델의 파라다이스'라 부르는 사상인
데(에필로그 참조), 이러한 '실재론'의 철학은 괴델의 세계관이나 종
교관에도 바닥까지 통하고 있었다. 1961년 10월 6일자의 어머니
마리안네에게 보내는 편지 속에서 괴델은 다음과 같이 스스로의 세

계관을 이야기하고 있다(다케우치 가이시 역).

내가 신학적 세계상이라고 부르는 것은 세계와 그 안의 모든 것이 의미와 이성을 갖고 있다. 그리고 올바른 의문의 여지가 없는 의미를 갖고 있다는 사상이다. 그리고 이 사고는 곧바로 다음의 결론으로 유도한다.

우리들의 이 세상에서의 존재는 그것 자신 즉 매우 의문이 있는 의미를 갖고 있는 것에 지나지 않기 때문에 그것은 내세(來世)의 목적을 위한 수단으로밖에는 있을 수 없다.

그런데 이 세상의 모든 것이 의미를 갖고 있다고 하는 사상은 모든 것이 그 원인을 갖고 있다는 원리와 정확히 대응하는 것이다. 그리고 이 후자의 원리는 모든 과학의 기초로 되어 있는 것이다.

이러한 사상으로 살아온 괴델에 있어서는 정신적인 고통도 육체적인 쇠약도 본질적인 문제는 아니었을는지도 모른다. 그것은 '내세의 목적을 위한 수단으로밖에는 있을 수 없는' 것이기 때문에 슬픈 최후였음에도 불구하고 나는 괴델이 미소(微笑)를 남기고 내세로, 그리고 이성의 왕국으로 여행을 떠난 것이라고 믿으려고 한다.

깊고 강인한 사색-괴델을 승리로 이끈 것

괴델의 인물과 사상에 대해서 이야기된 것 중에서 내가 가장 좋아하는 다케우치 가이시 교수의 말을 여기에 인용해 둔다.

그와 논의를 하고 있노라면 그의 육체의 허약함에 비하여 그의 사색의 깊이, 강인성에 강한 감명을 받는다.

괴델에 있어서는 그의 종교, 인생관, 철학, 수학이라고 하는 것이 모두 일체(一體)인 것처럼 생각된다. 우주의 본질에 아름다운 조화를 믿고 그것이 그의 종교, 인생관, 철학인 것처럼 생각된다. 이성의 승리, 즉 그 아름다운 우주의 본질을 인류가 발견할 것을 믿어 마지않는다. 수학이야말로 이 이성의 승리를 옳는 것으로 믿고 있다. 그러한 의미에서 수학은 그이의 인생관의 중심에 왕좌(王座)를 차지하는 것이다.

이성의 한계를 아는 자만이 이성의 승리를 믿을 수 있고 이성의 승리를 믿는 자만이 이성의 한계에 견디어서 그것을 초월해 갈 수 있다는 것은 어쩌면 이렇게도 이성의 간사한 지혜인 것일까!

마지막으로 문맥은 전혀 달라지나 랭보의 시구(詩句)에 맡겨서 천재의 생전의 모습을 추억하고자 생각한다(『식화(飾畫, 일뤼미나시옹(Illununations))』의 「단장(斷章)」에서, 고바야시 히데오 역).

이 세상이 우리들의 크게 뜬 네 개의 눈에는 오직 하나의 검은 숲으로 될 때에,—두 사람의 온순한 어린이에게는 하나의 바닷가로 될 때에,—우리들의 명랑한 교감에는 하나의 음악의 집으로 될 때에—나는 당신을 찾아낼 것이다.

'미문(未聞)의 영광'에 둘러싸여 조용하고 아름다운 노이만이 오로지 한 사람, 이 하계(下界)에 살아 있어 주었으면.—나는 당신의 슬하(勝下)에 있다.

에필로그
'이성의 한계'로부터의 출발

1. 「불완전성 정리」의 두 개의 얼굴

인간은 '전능(全能)의 이론' 등 영원히 만들 수 없다!

괴델의 불완전성 정리는 오펜하이머의 말을 되풀이한다면 '인간의 이성 일반에 있어서의 한계라고 하는 것에 대한 역할을 명백히 보여준' 것이었다.

가령 불세출(不世出)의 대천재가 나타나서 생애를 바쳐 노력하였다 하더라도 또는 가령 세계의 전과학자가 일치단결해서 돈도 시간도 노력(努力)도 아끼지 않고 침식을 잊으며 주야로 연구에 힘써 보았다 해도 말의 엄밀한 의미에 있어서의 '완전'한 이론체계를 구축하는 것은 원리적으로 불가능한 것이다. 그러한 것은 인간이 영원히 차지할 수 없는 '그림의 떡'에 지나지 않는다고 하는 것이다.

이 사실은 '절대지(絶對知)'의 신봉자나 '만물의 이론'—만일 그것이 가능하면 거기서부터 자연과학의 모든 이론이 유도되는 궁극의 최종이론—의 완성을 지향하는 사람들에게는 참으로 곤란한 사태를 의미하고 있다. 인간의 지성의 '약함'를 증명함으로써 그들의 고매한 목표를 미리 좌절시켜 버리는 절망적인 니힐리즘의 선고라고도 해석할 수 있기 때문이다. 이것이 괴델의 불완전성 정리에 대한 소극적인 파악 방법이고, 이 정리가 갖는 부정적인 일면이다.

그러나 온갖 진리는 야누스(두 얼굴의 신)처럼 상반되는 두 개의 얼굴을 갖고 있는 것이다. 괴델의 불완전성 정리라 할지라도 예외는 아니다. 즉 이 정리는 견해에 따라서는 인간의 지적 탐구가 갖는 무한의 가능성을 보증하는 것이라고 이해할 수도 있는 것이다.

인간은 기성의 이론을 앞질러서 전진할 수 있다!

만일 '이것이야말로 완전한 이론이다!'라는 것이 있고 그것이 다

괴델의 불완전성 정리는 인간의 이성에 있어 '야누스의 얼굴'이다

행인지 불행인지(!?) 발견되어 버렸다고 하자. 그 이후 사람은 무엇을 생각하고 무엇을 행하면 된다고 하는 것일까? 그 전능의 이론을 배우고 그것을 따르는 것밖에는 인간에게 할 수 있는 일은 없어져 버릴 것이다. 물론 응용 면에서의 발전은 가능할 것이고 그 전능인 이론은 풍요한 사회를 실현시켜 줄지도 모른다. 그러나 이미 지적인 노력도 탐구도 모험도 요구 되지 않는 '풍요'란 과연 참된 의미에서의 정신적인 풍요라고 말할 수 있을까? 그러한 지적 상황에 사람이 견딜 수 있다는 것은 나로서는 도저히 생각할 수 없다.

괴델의 불완전성 정리는 그러한 전능하고 절대적인 이론이 결코 존재할 수 없음을 알려 주고 있다. 역으로 말하면 이 정리는 현재 아무리 '완전'하게 보이는 이론일지라도 그것은 언젠가는 앞지름을 당하는 것이고 인간에게는 기성의 이론을 항상 앞질러갈 수 있는 무한의 가능성이 남겨져 있는 것을 보증하는 것이라고도 해석할 수 있다. 말하자면 인간의 이성의 '강함'에 대한 선언으로서도 이해할 수 있다. 이것이 이 정리의 적극적인 파악방법이고 이 정리가 갖는 긍정적인 일면이다.

괴델의 도전—'연속체 가설'의 해결

괴델이 만일 그것을 희망한 것이라면 불가지론(不可知論)의 교조(敎祖)가 되었을 것이다. 그러나 괴델이 실제로 선택한 길은 불완전성 정리의 긍정적인 측면에 의거한 이른바 이성의 한계로부터 재출발의 길이고 거듭 큰 그리고 거듭 아름다운 가지성(可知性: 인식 가능성)으로의 끝없는 도전의 길이었다고 말할 수 있다. 그리고 그 탐구의 주제로 된 것이 칸토어가 '그것을 위해 살고 그것을 위해 죽었다'라고도 말할 수 있는 연속체 가설의 문제였던 것이다.

연속체 가설의 원형 및 그 확장인 일반 연속체 가설이 어떠한 것인가에 대해서는 이 책의 I부 1장에서 상세하게 소개하였다. 앞에서 약속한 대로 여기서 그 '해결편'을 이야기하는 절차인데 '해결'의 경위를 언급하는 것만이라면 매우 쉬운 일이다.

1938년, 괴델이 연속체 가설의 무모순성을 증명.
1963년, 코언(Cohen)이 연속체 가설의 독립성을 증명.

가장 간결하게 한다면 이 두 줄로 끝난다. 그러나 이것으로는 연속체 가설과 그 일단의 '해결'이 갖고 있던 참된 의의는 파악할 수 없고, 무엇보다도 앞에서 넌지시 비치는 식으로 말해 둔, 괴델이 후반생을 이 문제의 '참된' 해결에 바친 것에 대한 의미도 알 수 없다.
　그래서 이 에필로그에서는 괴델의 문제의식을 중심으로 하여 연속체 가설의 '해결'과 그 뒤의 발전의 방향성을 개략적으로 설명한다. 연속체 가설에 대한 괴델의 공헌은 현대 집합론의 출발점을 구획하는 것이지만 현대 집합론의 전모를 이야기하는 것은 이 책의 범위를 넘는 대작업이기 때문에 앞으로의 스케치는 어디까지나 '이야기'로서 읽기 바란다. 불완전성 정리의 '후일담(後B談)'으로서 이 테마를 에필로그로 미루어 온 까닭이다.

2. 집합론의 두 개의 얼굴

'아마추어의 집합론'에서 '프로의 집합론'으로
연속체 가설은 집합론의 가장 어려운 문제이나 괴델이 몰두한 집합론은 정확히 말하면 칸토어가 창시한 소박한 집합론 바로 그것은 아니고, 그것을 공리화한 체르멜로로 시작해서 프렝켈에 의해서 거의 확립되었으나 폰 노이만에 의해서 형식화된 '공리적 집합론'에 대한 것이다.

구라다 레이지로(倉田令二朗) 씨는 이 책의 I부 1장에서 소개한 것과 같은 내용을 갖는 칸토어의 소박 집합론을 '청소년 집합론' 또는 '아마추어 집합론'이라 부르고 있다. 왜 청소년 집합론인가 하면 '이전의 나를 포함하여 청소년들에게 큰 감명을 주는 테마'이기(구라다 씨) 때문이라 한다. 나노 고등학교 2학년 때 수학 선생의 소개로 집합론의 입문서를 돌려 읽고 대각선 논법에 감동한 기억이 있다. 그 책이 얼마나 오래된 형태의 '소박 집합론'의 책이었는가를 안 것은 대학에서 수학을 배우기 시작한 후의 일이었다.

'프로의 집합론'은 공리적 집합론으로부터 시작된다. 구라다 씨에 따르면 '수학기초론의 한 분야로서 집합론은 정칙성 공리(正則性公理)에 바탕을 둔 노이만, 로빈슨류의 순서수론을 중심으로 전개'되고 그것이야말로 '로지션(Logician, 미국에서는 수학기초론 전문가를 이렇게 부른다)의 집합론의 시작'이라고 한다.

'정칙성 공리'와 '선택(選擇) 공리'

여기서 '정칙성 공리'란 그 이미지를 한마디로 말하면 모든 집합의 '출신(出身)'이 자명할 것을 요청하는 공리이다. '내력'을 알 수 없는 집합의 혼입을 미연에 방지하여 패러독스의 발생과 같은 뜻밖의 사태를 피하려고 하는 것이다.

조금 더 정확히 말하면 어떤 집합에서 출발해서 그 부분집합을 취하는 조작을 되풀이해 가면 반드시 유한횟수로 공집합(空集合, 요소가 전혀 없는 집합)에 당도할 수 있다고 하는 것으로, 그 대우(對偶)가 다름 아닌 소위 수학적 귀납법 바로 그것이다. 실제로는 순서수의 말로 이야기될 수 있기 때문에 여기서 말하는 '부분집합'은 '요소'로 되나 상세한 것은 다케우치 가이시 교수의 저서, 『집합이란 무엇인가』의 후반을 읽어 주면 다행이다.

아무튼 정칙성 공리는 유한집합에서는 자명하기 때문에 본질적으로는 무한집합에 대한 공리이라고 말할 수 있다. 마찬가지로 유한집합에서는 자명하더라도 무한집합에서는 본질적인 의미라는 두드러진 특징을 갖는 공리에 「선택공리」가 있다. 이것도 이미지로 설명하면 공집합을 포함하지 않는 집합의 족(族)이 있을 때 「그 각각에서 하나씩 요소를 취해 올 수 있다」라고 하는 것을 요청한 공리다. 유한집합이라면 당연한 것이다. 그러나 무한집합을 대상으로 하는 수학으로서는 매우 중요한 역할을 수행하고 있는 공리다.

수학에 있어서 ZFC집합론은 '부처님의 손'

그러면 이러한 공리로부터 구성된 형식적 체계가 공리적 집합론인데 정칙성 공리를 비롯해서 9개의 공리로부터 이루어지고 그러나 선택공리는 포함하고 있지 않은 체계를 체르멜로와 프렝켈 두 사람의 머리문자를 따서 'ZF집합론'이라 부른다. 여기에 선택공리를 부가시킨 것이 'ZFC집합론'이다. 여기서 C는 선택공리 Axiom of Choice의 의미다.

이 ZFC집합론은 사실상 현대 수학의 모든 이론이 그 속에서 전개될 수 있는 체계라고 생각되고 있다. 즉 온갖 수학이론은 ZFC집합론의 부분체계에 지나지 않는 것이다. 다케우치 교수는 이 건에 언급해서 어떠한 천재적인 수학자가 어떠한 굉장한 것을 생각해도 그것조차도 '집합론이라고 하는 손바닥에 들어가 있다'는 것이어서 '마치 손오공과 부처님의 이야기 비슷해서 유쾌한 것이다'라고 이야기하고 있다.

이것으로 용어의 준비는 일단 갖추어졌기 때문에 괴델에 의한 연속체 가설의 무모순성에 대한 증명으로 이야기를 진행시킨다. 괴델은 불완전성 정리의 증명으로부터 8년 후인 1938년, 이 '3대 업적'의 마지막 하나를 완성하였다. 정확히 말하면 결과를 발표한 것이 1938년, 증명의 대략은 다음해인 1939년에 발표되고 그 상세한 것을 기록한 강의록이 출판된 것은 1940년이다.

괴델의 증명—일반 연속체 가설의 부정은 불가능

여기서 괴델은 다음의 것을 증명하고 있다.

「만일 ZF집합론이 무모순이면 ZF집합론에 선택공리와 일반 연속체 가설을 부가시켜도 무모순이다.」

이것은 거듭 다음의 사실을 의미하고 있다(상세한 설명은 생략하지 않을 수 없지만).

「ZF집합론이 무모순이면 ZFC집합론 속에서는 일반 연속체 가설의 부정을 증명할 수는 없다).

ZFC집합론은 현대 수학을 손바닥 위에 올려놓은 '부처님'과 같은 것이기 때문에 괴델은 의심 많은 수학자가 아무리 노력해도 통상의 수학 이론에 바탕을 두는 한 일반 연속체 가설의 반증은 할 수 없다는 것을 증명해서 보여 주었다고 해도 좋을 것이다.

괴델의 증명은, 칸토어가 창조하고 힐베르트가 그 중요성을 요란하게 세상에 퍼뜨린 이래 얻어진 이 문제에 관한 가장 위대한 성과였다. 그러나 그것 이상으로 거기서 괴델이 사용한 방법이야말로 집합론에 참으로 새로운 시대를 개척하게 되는 획기적인 것이었다.

괴델이 착안한 두 가지 원리

괴델은 연속체 가설을 단순히 기술적인 문제로서 파악하지 않고 그 밑바탕에 있는 집합을 생성하기 위한 두 가지 근본적인 원리의 차이에 착안하였다. 그 두 가지 원리란 다음과 같은 것이다.

제1원리 멱집합을 만드는 원리
제2원리 순서수를 만드는 원리

후자에 대해서 조금 설명을 보충해 두는 편이 좋겠다. '순서수'란 그 말에 반해서 집합을 말하는 것인데 이것은 공집합으로부터 순차로 만들어 간다. 공집합을 φ(파이) 대신에 0으로 적기로 하여 이것을 출발점으로 잡는다. 그리고 {0}, 즉 「0만으로 이루어진 집합」을 1이라고 이름 붙인다. {0, 1}, 즉 「0과 1만으로 이루어진 집합」을 2라고 이름 붙인다. 이와 같이 해서 무한으로 새로운, 보다 큰 집합을 만들어가는 원리가 이 제2원리이고, 그와 같이 해서 만들어지는 집합에 대한 것을 '순서수'라고 부른다.

이와 같은 방법으로 만들면 우리들은 모든 집합을 소위 '손으로 만들기'로 구성해 갈 수 있다. 이와 같이 해서 만들어진 집합은 그것이 무엇인가를 집합론의 체계 속에서 명쾌하게 규정할 수 있는 집합인 것이다.

한편 제1원리인 '멱집합을 만드는 원리'는 그렇게 되지는 않는다. 유한집합이라면 모든 부분집합의 집합을 나란히 적는 것은 원리적으로 가능하나 무한집합이 되다 보면 부분집합을 전부 늘어놓는 것 등, 신이라면 어떨지 모르지만 적어도 살아 있는 인간에게는 불가능

하기 때문이다. 이것을 이름 하여 멱집합의 '초월적, 하늘에서 내려
온 성격'이라 부른다.

'구성적 집합'의 아이디어

연속체 가설의 문제가 갖는 곤란성의 근원도 이 '멱집합의 원리'
에 있는 것은 말할 것도 없다. 그래서 괴델은 순서수에 따라서 집합
을 생성하는 두 번째의 원리인 '순서수를 만드는 원리'에 의거 생성
되는 집합만을 생각하고 이것을 '구성적 집합'이라고 이름 붙였다.
그리고 구성가능한 집합의 전체를 도로 나타내고—이것이 '괴델의
L'이라고 불리는 것이다—ZF집합론에 있어서의 집합의 전체를 V로
나타낼 때

$$V = L ?$$

이 성립되는지 아닌지를 추궁한다는 형태로 문제를 고쳐 마무른
것이다.

즉 '모든 집합은 구성 가능한가?'라고 하는 것인데 이 질문을 긍
정적으로 요청한 공리 「V=L」을 「구성가능성 공리」라 부른다.

괴델은 L이 이 공리를 부가시킨 집합론의 모델이라는 것을 보여
주고 거기서부터 선택공리와 일반 연속체 가설을 유도해 낼 수 있는
것을 보여 주었다. 즉 연속체 가설을 '모든 집합은 구성가능한가?'라
고 하는 보다 큰 집합론의 기본문제 속에 위치 부여해 보인 것이다.

괴델은 이 '구성적 집합'의 아이디어를 이미 1936년경에 얻고 있
었다고 한다. 1936년이라고 하면 괴델이 정신적으로도 육체적으로
도 극한상황에 있었던 구렁텅이의 해였다는 것을 생각하면 이러한
선구적인 아이디어가 병든 정신의 어둠 속에서 빛난 것에 대하여 놀
라움을 금할 수 없다.

"괴델은 항상 중요한 결과를 유도하고, 어떤 경우는 그 분야의 발단(發端)을 만들며, 심하면 그 분야의 연구에 대한 모든 것이 괴델의 발안(發案)으로 되는 방법에 의해서만 지탱되고 있는 경우조차 있다"라는 것은 마에바라 쇼지 씨의 말이나, 불완전성 정리에 있어서의 '귀납적 함수'라 말하고, 연속체 가설의 무모순성에 대한 증명에 있어서의 '구성적 집합'이라고 말하며 이것들은 바로 '발단을 만들고', 더욱이 그 후의 이론의 전개를 밑바탕에서 계속 지탱해 온 위대한 '방법'의 으뜸가는 것이었다고 말할 수 있을 것이다.

수학에 있어서는—다른 여러 학문에서도 마찬가지지만—'결과'와 '방법'은 끊어도 분리될 수 없는 관계에 있다. 아니 오히려 사상적으로는 '방법' 쪽이 보다 중요하다고 단언해도 좋을지 모른다. 괴델의 업적을 평가할 때 문외한이라 할지라도 이 사실을 무시해서는 올바른 이해와 평가는 어렵다고 말하지 않을 수 없다.

그러나 너무 시대에 앞선 '방법'은 가끔 보고 듣고 판단하지 못하는 사람들 앞에 불쑥 나타나는 경향이 많은 것이다. 1937년 가을 빈 대학에서의 「집합론의 공리」라는 제목으로 행한 강의 속에서 괴델이 처음으로 이 '구성적 집합'에 대한 생각을 내세웠을 때 이 인기가 없는 강의에 참석하고 있던 '역사의 증인'인 수강생의 숫자는 불과 5~6명이었다고 한다.

3. '괴델의 낙원'를 지향하여

「일반 연속체 가설」의 증명은 가능한가?

괴델은 1938년의 「연속체 가설의 무모순성에 대한 증명」에 있어서 수학의 통상적인 논의의 범위 내에서는 일반 연속체 가설의 부정

234

을 증명할 수 없다는 것을 증명하였다. 그러나 그렇다고 해서 이러한 것이 즉각 일반 연속체 가설의 올바름을 보여준 것을 의미하는 것이 아니라는 것은 말할 것도 없다.

다음으로 문제가 되는 것은 일반 연속체 가설 바로 그것에 대한 증명은 가능한지 아닌지 하는 것이다. 괴델 자신은 그것이 불가능할 것이라고 예상하고 무모순성에 대한 증명 후, 곧 이 문제에 몰두하고 있다. 기본적인 아이디어는 무모순성의 증명 때와 마찬가지로 집합론의 공리계에 새로운 공리를 부가시킴으로써 이제까지 증명할 수 없었던 명제를 증명하려고 하는 것이었다.

그러나 이 문제의 공략(攻略)은 아주 극도로 곤란하여 만족스러운 성과를 얻지 못한 채로 괴델의 관심은 차츰 철학 쪽으로 옮겨가 버렸다. 그리고 무모순성에 대한 증명으로부터 꼭 4반세기 지난 1963년, 괴델의 무모순성에 대한 증명이 발표되었을 때에는 겨우 4세의 유아에 불과했던 29세의 폴 J. 코언의 손에 의해서 「일반 연속체 가설의 독립성에 대한 증명」이 발표된다.

코언의 쾌거

코언은 괴델의 방법을 발전시키는 것과 함께 '강제법(強制法)'이라 불리는 독자적인 아이디어를 고안함으로써 선택공리, 일반 연속체 가설, 나아가서는 괴델의 구성가능성 공리의 독립성을 보여준 것이다. 연속체 가설에 대해서 구체적으로 말하면 다음의 것이 증명된다.

「ZF집합론이 무모순이면 ZFC집합론에 일반 연속체 가설의 부정을 부가시켜도 무모순이다.」

바꿔 말하면 이러하다.

「ZF집합론이 무모순이면 ZFC집합론 속에서 일반 연속체 가설을 증명하는 것은 불가능하다.」

따라서 괴델의 결과와 종합하면 다음과 같은 일반 연속체 가설의 독립성을 보여 주게 된다.

「ZFC집합론에 있어서는 일반 연속체 가설도 그 부정도 증명할 수 없다. 즉 일반 연속체 가설은 ZFC집합론의 공리계로부터 독립하고 있다.」

코언의 성과를 안 괴델은 철학의 연구에 얽매여서(!?) 연속체 가설의 연구를 계속하지 않은 것을 매우 고민하고 있었다고 한다. 다케우치 교수는 '그 소식을 들었을 때 괴델이 얼마나 낙담하였는지를 그 곁에서 보고 있었기 때문에 잘 알았다'라고 회상하고 있다. 그러나 개인적인 억울함을 별개로 하면 코언의 작업 자체에는 매우 경의를 표명하고 '칸토어 이래 추상적 집합론에 있어서 이루어진 최대의 진보이다'라고 말하여 최고의 찬사를 아끼지 않았다고 한다.

코언은 이 업적에 따라 1966년에 모스크바에서 개최된 제15회 국제 수학자회의에서 스메일, 아티야, 그로탕디에크 등 현대 수학의 거인들과 함께 필즈상을 수상했다.

「일반 연속체 가설의 독립성」은 무엇을 의미하는가?

그런데 연속체 가설이 독립적이라는 것은 어떠한 사태를 의미하고 있는 것일까? 이 결과는 유클리드 기하학에 있어서의 「평행선의 공리」가 그 밖의 공리로부터 독립적이라는 것과 같은 수준으로 파악해도 되는 것일까? 이것은 수학의 체계의 의미, 좀 더 말하면 집합론이라고 하는 학문의 존재 의의와도 밀접하게 관련되어 있는 것이기 때문에 간단하게는 논설할 수 없다. 특히 수학기초론 이외의 수학의 여러 분야에서는 그 발전 이 직접적으로 연속체 가설의 진위에 좌우되는 일은 매우 드물기 때문에 그러한 분야의 수학자들과 로지션들과의 사이에서는 의견이 갈린다 하는 문제도 있다.

그러나 괴델 자신은 이 결과를 다음과 같이 긍정적으로 파악하여 적극적인 이론의 발전을 위한 1단계라고 생각하고 있었다.

즉 연속체 가설의 독립성을 증명한 코언의 결과는 ZFC집합론이 현 상황에서 제대로 갖추지 못한 면을 갖고 있는 것을 의미하고 있고 연속체 가설의 '참된' 해결을 위해서는 무언가 우리들이 아직 입수하지 못한 공리가 필요하다는 것을 이야기하고 있다. 불완전성 정리에 의해서 모든 문제에 풀이를 부여하는 '만능의 이론'을 만드는 것은 불가능하나 연속체 가설이라고 하는 특별한 하나의 문제에 대해서는 그것을 풀기 위해 필요한 새로운 공리를 올바르게 발견할 수만 있으면 반드시 진위의 결정이 해결가능 해야 할 것이다.

실제로 괴델은 결과적으로는 성공하지 못하고 끝났다고는 하나 1970년에 새로운 공리를 도입함으로써 실수의 농도 $\aleph$(알레프)가 세 번째의 초한기수 $\aleph_2$와 같다는 것을 증명하려고 시도하고 있다. 새로운 공리의 발견에 의해서 연속체 가설의 '참된' 해결을 달성하고 싶다고 하는 것이 이 책에서 몇 번이나 언급해 온 만년의 괴델로서의 강박관념이라고도 해야 할 문제의식이고 그 꿈의 알맹이였던 것이다.

괴델의 '파라다이스'

힐베르트는 칸토어의 집합론의 세계상을 '칸토어의 낙원(파라다이스)'이라고 불렀다. 다케우치 가이시 교수는 새로운 공리의 도입에 의해서 미해결 문제를 풀려고 한 괴델의 꿈을 '괴델의 파라다이스'라고 부르고 있다. 그리고 집합론의 분야에서의 최근의 큰 수확이라고 일컬어지는 위딘, 마르틴, 스틸 등에 의한「결정(決定)의 공리」의 성과를 괴델의 파라다이스가 실현한 최초의 성과로서 파악하고 있다. 더욱이 괴델이 지향한 이론의 발전의 연장선상에서 현대 수학에 남겨진 최대급(級)의 미해결 문제인「P=NP 문제」나「골드바하의 문제」의 해결도 달성될지도 모른다는 전망 아래 이렇게 언급하고 있다.

예컨대 21세기에 있어서 괴델의 강박관념의 해결이라고 하는 것이 가령 완성된다면 수학기초론뿐만 아니고 수학 전체에 지금까지 풀리지 않았던 수학의 문제가 자꾸만 풀리게 될 것으로 생각한다. '괴델의 파라다이스'가 정말 실현된다면 그러한 집합론의 새로운 공리에 의해서 그것 없이는 절대로 풀리지 않는 수학 문제가 계속해서 풀린다. 그것이 수학의 파라다이스다.

이성의 한계 발견자는 이성의 한계를 잘 살펴보아 거기서부터 출발해서 항상 스스로의 한계를 초월해 나가는 유한적 존재로서, 인간의 무한한 지(知)의 가능성도 가리키고 있었다고 할까. 마지막으로 1925년에 칸토어를 기린 힐베르트의 강연을 본떠서 나도 다음의 말로 이 책을 매듭짓고자 한다.

누구라도 괴델이 우리들을 위해 창설해 준 이 낙원에서 우리들을 쫓아낼 수는 없을 것이다!

참고도서

이 책을 완성함에 있어서 제일 먼저 참고로 하고 또 전편(全編)에 걸쳐서 집필의 지침으로 삼은 것이 생전의 괴델 본인과 깊은 교제가 있었던 다케우치 가이시 씨의 여러 저작이다. 특히 아래의 서적이나 기사를 참고로 하였다.

① 『괴델』 다케우치 가이시 지음, 일본평론사

② 『집합론과 그 주변』 다케우치 가이시 담(談), 《『수학의 최전선』 수학 세미나 편집부편, 일본평론사》

③ 『집합이란 무엇인가』 다케우치 가이시 지음, 고단샤 BLUE BACKS

④ 『괴델의 꿈』 다케우치 가이시 지음, 가와이(河合) 문화교육연구소
  에필로그에서 간단하게밖에는 언급할 수 없었던 최근의 집합론의 발전에 대해서는 ②와 ④를, 또한 공리적 집합론과 연속체 가설에 대한 상세한 내용을 알고 싶은 독자에게는 ③의 숙독(熟讀)을 권장한다. ③은 자명하지 않은 집합론의 내용을 일반 독자용으로 본격적으로 소개한 책으로서는 아마 일본에서 유일한 것이 아닌가 생각한다. 명저서이다(이 책은 현재 절판되었으나 도서관에서 열람할 수 있다).

  괴델의 불완전성 정리에 대해서는 주로 다음의 서적의 아이디어에 따라 해설하였다.

⑤ 『괴델의 세계』 히로세 켄, 요코다 히토마사 공저, 가이메이(海鳴)샤
  이 책의 권말에는 괴델의 완전성 정리와 불완전성 정리의 원논문이 번역되어 있다[이 책 중의 인용도 가이메이사의 호의에 따라 이 역문(譯文)에 의거하였다].

이 책에서는 생략하지 않을 수 없었던 귀납적 함수의 이론 등을 포함하여 괴델의 불완전성 정리를 본격적으로 공부하고 싶은 독자에게는 ⑤의 정독을 권장한다.

기타 불완전성 정리 관계로 참고한 주된 서적과 논고(論稿)는 다음과 같다.

⑥ 『이와나미 수학사전 제3판』 일본수학회편, 이와나미 서점

⑦ 『현대 수학 소사전』 데라사카 히데다카(寺阪英孝.) 편. 고단샤 BLUE BACKS

⑧ 『패러독스에의 도전』 오데(大出) 지음. 이와나미 서점

⑨ 『수학 기초론의 발생과 전개 1879~1931』 구라다 레이지로 지음 (『현대 수학의 발걸음 1』 일본평론사 수록)

⑩ 『괴델의 불완전성 정리』 구라다 레이지로 지음(『현대수학의 발걸음 2』 일본평론사 수록)

⑪ 「III 해설」 구라다 레이지로 지음(④수록)

⑫ 『무한의 끝에 무엇이 있는가』 아다치 노리오(足立恒雄) 지음. 고분(光文)샤 카파사이언스

⑬ 『처음으로의 현대 수학』 세야마 시로(觸山土郎) 지음. 고단샤 현대신서

특히 ⑦의 「제1장 수학 기초론」의 항은 논리학과 집합론에 관한 매우 우수한 입문, 해설로 되어 있다. 읽기 시작하면 그만둘 수 없는 재미가 있다. 이 책에서는 취급할 수 없었던 괴델의 불완전성 정리와 양자역학과의 정신사적(精神史的)인 호응관계에 대해서는 ⑧이 유익하다. ⑪은 ④의 부록이라고는 하나 얻는 바가 많은 개요 (résumé)로 되어 있다.

수학사적인 사실은 이제까지 열거한 서적 이외에 주로 다음의 두 가지 저서를 참고로 하였다.

⑭ 『힐베르트』 C. 리드 지음, 야나가 켄이치(弥永建一) 옮김, 이와나
　　미 서점

⑮ 『100인의 수학자』 수학세미나 별책, 일본평론사

　　수리논리학의 입문적인 교과서는 한 권을 다 읽어도 괴델까지는
미치지 못하기 때문에 굳이 소개하지 않으나 I부 1장에서 언급한
'소박집합론'에 관해서는 양서(良書)가 많이 있다. 여기서는 대표적인
교과서 두 권을 열거한다.

⑯ 『집합론 입문』 마쓰무라 히데유키(松村英之) 지음, 아시쿠라(朝倉)
　　서 점

⑰ 『신판 집합론』 쓰지 마시지(辻正次) 지음, 고마쓰 유사쿠(小松勇
　　斤) 개정, 교리스(共立)출판

　　이 두 개의 저서는 고교생도 편하게 읽을 수 있다. ⑯은 집합론
을 도구로서 사용하여 교양으로서 배우는 입장에서 쓰여 있기 때문
에 대부분의 독자는 집합론 본래의 저자에 의한 입문서보다도 훨씬
읽기 쉬울 것이다. 17은 고전(古典)이다.

　　괴델의 불완전성 정리를 더 즐기고 싶은 사람을 위해 다음의 두
가지 저서를 소개한다.

⑱ 『괴델, 에셔, 바흐』 더글라스. R. 호프스태터 지음, 노자키 아
　　키히로(野崎昭弘), 하야시 하지메, 야나세 쇼키(柳瀬尙紀) 공역, 하쿠
　　요(白揚)샤

　　⑲ 『결정불능의 논리퍼즐』 레이먼드 스말리안 지음, 나가오 가다
시(長尾確), 다나카 도모유키(田中期之) 공역, 하쿠요샤 여기서는 주
로 저서에 대한 것만 소개했으나 「수학세미나」(일본평론사간행)의
관련기사를 전편에 걸쳐서 참고로 하였다.

　　인용에 즈음해서는 원칙적으로 저자명, 역자명을 명기하였으나 여
기에 열거한 저서나 논고로부터의 인용의 일부 및 논고 혹은 기사의

표제에 대해서는 생략하였다. 각 저서 및 각 논고를 집필한 저자 여러분께 감사의 뜻을 나타낸다.

또한 참고도서의 소개는 일서(日書)가 원칙이나 다음의 두 가지 저서만은 많은 참고로 되었기에 양서(洋書)이기는 하나 이 리스트에 부가시켜 두고자 한다.

⑳ "From Frege to Gödel" Edited by Jean van Heijenoort, Harvard University Press

㉑ "Reflections on Kurt Gödel" by Hao Wang, The MIT Press

⑳은 아주 편리한 책으로 이 책에서 인용한 태반의 논문이나 강연의 영역(英譯)이 수록되어 있다. 대저작이지만 값이 저렴한 점도 매력이다. 괴델의 상세한 연보(年譜)와 이 책에서는 언급하지 않은 괴델 자신의 철학 사상에 대해서도 더 깊이 알고 싶은 독자는 ㉑을 참조하면 될 것이다.

이 책 속에 실은 칸토어, 힐베르트, 괴델, 폰 노이만의 사진은 「수학 세미나」 편집부(일본 평론사)의 제공에 따른 것이다.

괴델 불완전성 정리

'이성의 한계'의 발견

초판 1993년 10월 30일
중쇄 2018년 07월 02일

지은이 요시나가 요시마사
옮긴이 임승원
펴낸이 손영일
펴낸곳 전파과학사
주소 서울시 서대문구 증가로 18, 204호
등록 1956. 7. 23. 등록 제10-89호
전화 (02)333-8877(8855)
FAX (02)334-8092
홈페이지 www.s-wave.co.kr
E-mail chonpa2@hanmail.net
공식블로그 http://blog.naver.com/siencia

ISBN 978-89-7044-527-4 (03410)
파본은 구입처에서 교환해 드립니다.
정가는 커버에 표시되어 있습니다.

도서목록

현대과학신서

도서목록
BLUE BACKS